はじめに

　薄くて軽く曲げられる太陽電池。あるいは、建材ガラスに原料を直接塗って作製できる太陽電池。
　そんな次世代型太陽電池の実用化が近づいている。

　「ペロブスカイト太陽電池」。

　横浜郊外の丘の上にある小さな大学、桐蔭横浜大学の宮坂力研究室で2006年に生まれた日本発の技術だ。太陽電池にとって最も重要な光を吸収して電気に変える性能は、2010年代に著しい成長を遂げ、誕生からわずか20年足らずで次世代型太陽電池の本命に躍り出た。ノーベル賞の有力候補とも言われる。薄くて軽いため高層ビルの壁面に設置して都心にメガソーラー発電所を実現できるといった特性から、脱炭素化へのカギとなる技術にあがる。すでに、都内の高層ビルや神奈川県の戸建て住宅街、北海道の物流倉庫など国内の各地で、壁面や屋根などに設置して発電する実証実験が始まっている。
　実用化が近づく新技術は、産業化をめぐる動きも活発化している。世界市場の規模は2040年に2兆4000億円にも膨らむと予測され、製品化を目指す企業はビジネスモデルの具体化を模索する。政府にとっても社会実装を後押しする"技術"から産業として支援する"製品"に変わりつつある。2024年5月には完成品メーカーと、利用者となる業界の団体や地方自治体など150社・団体以上が参加する官民協議会を立ち上げた。国内市場の創出や産業競争力の強化に向けた議論は熱を帯びている。
　日本の企業がビジネスモデルを模索したり、政府が産業競争力の強化政策を検討したりする際、彼らの視界には中国を中心とした海外企業の姿が強烈に浮かぶ。太陽電池の主流として現在普及するシリコン太陽電池は日本企業が事業化で先行した

ものの、やがて中国企業の低価格攻勢に敗れ、市場シェアを奪われたからだ。今や太陽電池市場の約8割を中国製品が占める。ペロブスカイト太陽電池は世界が注目しており、当然、中国企業なども事業化を目指す。ともすれば、シリコン太陽電池と同じ轍(てつ)を踏まないとは言い切れない。

シリコン太陽電池市場における中国企業による低価格攻勢の背景に、中国政府の多様な支援を受けた大規模投資があったことを考えれば、ペロブスカイト太陽電池は日本政府の大胆な支援が期待されるし、企業による投資の覚悟も求められるだろう。

ただ、ペロブスカイト太陽電池特有の光明はある。素材やそれを扱う技術が、性能を大きく左右するということだ。素材・化学は日本企業が今なお世界で存在感を示している。ペロブスカイト太陽電池は彼らの技術やノウハウを生かせる。

一例をあげる。ペロブスカイト太陽電池は水分に弱いため、それを保護する封止材に高い性能が要求される。積水化学工業はペロブスカイト太陽電池の事業化を目指し、業界に先駆けて高い耐久性を実現しているが、その背景には世界トップシェアを持つ既存製品の技術を生かした封止材がある。そしてペロブスカイト太陽電池の市場は、積水化学をはじめとする完成品メーカーはもちろん、多くの素材・化学メーカーが自社の技術やノウハウを生かせる舞台として事業機会をうかがう。

ペロブスカイト太陽電池は産業化をめぐる動きが活発化していると書いたが、技術はまだ発展途上だ。これから解決すべき課題は少なくない。それは多くの素材メーカーなどの力を生かし、ペロブスカイト太陽電池市場で日本の競争力を高められる伸びしろを意味している。

本書ではそうした視点で、2024年6月までに取材した内容をもとに産業化への現在地を報告したい。第1章はペロブスカイト太陽電池が求められる理由や、完成

品メーカーの戦略と市場動向に迫る。第2章はペロブスカイト太陽電池の構造や製造方法を紹介する。第3章はペロブスカイト太陽電池の性能を左右する素材の技術や、関連企業の動向を見ていく。第4章では日本企業がペロブスカイト太陽電池市場で活躍するために必要な政策を考察しつつ、現状を追う。

　また、スペシャルドキュメントとして「ペロブスカイト太陽電池誕生」を収録した。世界が事業化を競う新技術がなぜ、日本の小さな大学で生まれたのか。その道のりを多数の関係者の証言をもとに再現した。将来の巨大市場の起点に、日本の基礎研究の貢献や若手研究者のアイデアと挑戦、人と人の何気ない交流があったことを紹介したい。

　なお、特段の断りがない限り、登場する関係者は取材時点における所属・役職であることを付言しておく。

2024年6月　萩本 隆太

目次

はじめに ……………………………………………………………………………… 1

第1章
ペロブスカイト太陽電池が必要な理由

1-1　近づく事業化 …………………………………………………………………… 8
1-2　国内メーカーの現在地 ………………………………………………………… 16
1-3　国際動向と日本の勝ち筋 ……………………………………………………… 24

インタビュー・ニッポンの勝ち筋を探る　1
資源総合システム・貝塚泉首席研究員 ……………………………………………… 32

Column 1　特許出願のこれまでとこれから ……………………………………… 36

ドキュメント
ⅰ　宇宙応用の可能性を拓いたJAXA社員 ………………………………………… 38
ⅱ　京大発スタートアップ誕生秘話 ………………………………………………… 41

第2章
ペロブスカイト太陽電池の仕組みを知る

2-1　太陽電池の仕組みと種類 ……………………………………………………… 46
2-2　ペロブスカイトが持つ独特の結晶構造 ……………………………………… 48
2-3　ペロブスカイト太陽電池の構造と材料 ……………………………………… 49
2-4　極薄の層を成膜する製造工程 ………………………………………………… 51

第3章
ペロブスカイト太陽電池の素材技術を追う

3-1	国産原料「ヨウ素」の生かし方	54
3-2	耐久性を左右する「封止技術」	56
3-3	特性を決める「基板」	60
3-4	「電極」製造プロセスを安価に	65
3-5	電子・正孔を運ぶ「電子・正孔輸送材」	68
3-6	鉛問題を考える	70
3-7	競争力の源泉「成膜技術」	72
3-8	耐久性問題に対応するもう1つの方法	76

Column 2　材料・工程に AI 生かせ　　80

第4章
ペロブスカイト太陽電池の舞台を整える

4-1	素材メーカーの力を生かす	84
4-2	需要を創出する	86
4-3	適切な市場を整備する	88

インタビュー・ニッポンの勝ち筋を探る　2
産業技術総合研究所ゼロエミッション国際共同研究センター
　有機系太陽電池研究チーム・村上拓郎研究チーム長　　95

目次

スペシャルドキュメント
ペロブスカイト太陽電池誕生

Episode 1	宮坂研とペクセル・テクノロジーズ	102
Episode 2	ペロブスカイトの研究	113
Episode 3	きっかけ	121
Episode 4	誕生	130
Episode 5	変換効率 10％超	137

対談　ペロブスカイトと太陽電池をつないだ研究者
手島健次郎さん × 小島陽広さん ……… 150

おわりに ……… 158

付録
- ペロブスカイト太陽電池の事業機会を模索する本書登場の素材メーカー ……… 82
- ペロブスカイト太陽電池の社会実装に向けた主要企業・団体の関係図 ……… 98
- ペロブスカイト太陽電池誕生までの道のり ……… 156

ペロブスカイト太陽電池が
必要な理由

ペロブスカイト太陽電池は、国内の多様な場所で性能を検証する実証実験が始まっている。この新しい技術の実用化が求められる理由とともに、日本の完成品メーカーによる研究開発の現在地や事業戦略、世界の動向を追う。

1-1　近づく事業化

高層ビルの壁面で発電

　東京都港区にある「NTT品川TWINSデータ棟」。NTTデータがデータセンター（DC）を構える高層ビルの外壁に、約1m×1mの大きさのペロブスカイト太陽電池が設置されていく。2024年春のことだ。地面に垂直な壁面に設置した太陽電池がどれくらいの電気をつくるか、都心部の建築物における施工方法、あるいはつくった電気をDC内で利用する仕組みについて2029年3月頃まで5年かけて検証する。同社はこの検証状況を踏まえて、全国の自社ビルにペロブスカイト太陽電池を設置していく。

　「DCは一般的なオフィスに比べて電力消費量が大きく、これまでの手段だけでは脱炭素化は難しい。新たに取り組むべき技術としてペロブスカイト太陽電池に可能性を感じた」。同社ソリューション事業本部ファシリティマネジメント事業部の佐藤光宏課長は実証実験の背景を説明する。

　脱炭素は今やあらゆる企業にとって経営課題になった。NTTデータも例外ではなく、国内14カ所のDCにおけるカーボンニュートラル（温室効果ガス排出量実質ゼロ）について2030年までに達成する目標を掲げている。DCはサーバーの稼働や冷却に大量の電力を必要とする。再生可能エネルギーである太陽電池を設置してその電力を補おうとしても、都心部の高層ビルの場合、屋上や敷地内に設置場所を確保することが難しい。一方、郊外に設置した太陽電池の電力を利用しようとすると、送電に伴う損失が発生するため、利用する現場で発電するエネルギーの地産地消も重要だ。同社はそうした課題に対応する技術として、外壁に設置できる薄くて軽いペロブスカイト太陽電池に白羽の矢を立てた。

変換効率が急上昇

　ここで、ペロブスカイト太陽電池の特徴を紹介しよう。一言で言えば、「原料の

溶液を基板に塗って乾かす」という印刷技術で作製できる薄膜の太陽電池だ。フィルムやガラスを基板とし、その上に光を吸収して電気に変える半導体（ペロブスカイト）を極薄の発電層として被覆して作製する。基板にフィルムを用いると、薄くて軽く曲げられる太陽電池が実現できる。既存の太陽電池の90％以上はシリコン太陽電池だ。光のエネルギーを電気エネルギーに変える効率（変換効率）や耐久性に優れるが、発電層に用いるシリコン（ケイ素）は割れやすい。一般に強化ガラスに貼り付け、ポリマーのシートで挟む構造のため固くて重い。そのため、耐荷重の低い工場屋根や外壁などへの設置が難しい。ペロブスカイト太陽電池はシリコン太陽電池の10分の1の重さを実現できるとされ、その課題を乗り越えられる。

　もちろん、薄くて軽く曲げられるだけでは、次世代型太陽電池の本命にはならない。特性を生かす前提として、太陽電池にとって最も重要な性能である変換効率の高さがある。米国国立再生可能エネルギー研究所（NREL）によると、2013年7月に14.1％だったペロブスカイト太陽電池の変換効率は、2023年7月時点で26.1％まで上昇した。わずか10年で10ポイント以上向上し、シリコン太陽電池（最高効率：26.1％／2023年12月時点）と同等の水準に達している（**図表1-1**）。また、晴天時における高照度の光だけでなく、曇り空や室内光の低照度でも発電できる力を持つ、とされる。これにより1日の発電量を増やせるほか、IoTセンサーに搭載して、室内光で発電した電力で駆動させるといった利用も想定できる。

　発電コストを下げられる可能性も、重要なポイントだ。シリコン太陽電池の製造には、1000℃以上の高温環境が必要になる。対して、ペロブスカイト太陽電池は150℃未満の低温環境で発電層を形成できるため、製造工程におけるエネルギー消費量を大きく減らせる。主要原料のヨウ素や鉛もシリコンに比べて安価だ。薄くて軽ければ、搬送や設置にかかるコストの低下も見込める。

設置適地を増やす

　「2030年を待たずに早期の社会実装を目指す」―。政府は2023年4月、再エネ導入拡大に向けた行動計画（「GX実現に向けた基本方針」を踏まえた再生可能エネ

1-1 近づく事業化

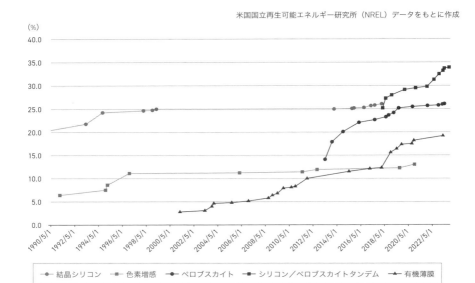

図表1-1　太陽電池の変換効率の推移

ルギーの導入拡大に向けた関係府省庁連携アクションプラン）を策定し、ペロブスカイト太陽電池について、そう言及した。薄くて軽く曲げられる特性は2050年までのカーボンニュートラル実現を掲げる政府にとって、社会実装を後押しする理由になる。背景には「既存の太陽電池を設置する適地不足」がある。

　太陽電池は国内で2010年代に大きく普及した。再エネ由来の電気について、電力会社による買い取りの価格や期間を国が約束する「固定価格買い取り制度（FIT制度）」が2012年7月に始まり、導入拡大の強力なエンジンになった。2022年度末における太陽光発電の導入量は70.7 GWで、2022年度における日本国内の全発電量のうち、9.2％を占めた。その上で、政府は2021年に閣議決定した『第6次エネルギー基本計画』で電源構成における再エネ比率を高めるため、太陽光発電を2030年度に14〜16％にする目標（再エネ全体では36〜38％）を掲げた。2030年度の導入量目標は103.5 G〜117.6 GWだ。つまり、30 G〜50 GW程度の追加導入を目指している。

ただ、太陽電池の導入をさらに広げようとすると、適地不足の課題に突き当たる。日本は元々、山間部が多く平地が少ない。その中で太陽電池の設置が進んだ結果、平地面積1 km^{2}当たりの設備容量は514 kWに上り、主要国の中でトップにつける（**図表1-2**）。そのため、これまで設置してこなかった場所への設置が必要になる。その対象として、シリコン太陽電池では設置が難しかった耐荷重の低い工場屋根や外壁などがあがる。そこで、ペロブスカイト太陽電池の出番というわけだ。

主要原料としてヨウ素が使われることもまた、政府が支援する大きな理由だ。詳しくは第3章で触れるが、資源が乏しい日本にあってヨウ素は年1万トン程度生産しており、生産量の世界シェアでチリに次ぐ2位につける。しかも現在、世界の採掘可能なヨウ素の約8割は日本にあると言われる。これは、原材料を他国に頼らずに確保できることを示し、経済安全保障上のメリットになる。

ここまで日本の事情に触れてきたが、脱炭素は世界的な要請であり、その中で太陽電池は大きな期待を背負っていることにも触れておきたい。国際エネルギー機関（IEA）が公表している各国の政策にもとづく分析（STEPS）では、2030年までに新規発電量の8割を再エネが占め、その半分以上を太陽光発電が占めると見通している。もちろん、既存のシリコン太陽電池の普及も進むだろうが、設置場所などによって世界市場でもペロブスカイト太陽電池は重要なアイテムになり得る。

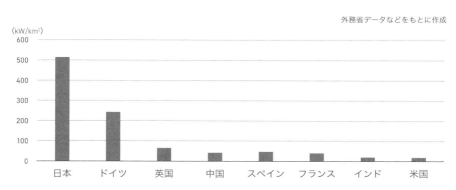

図表1-2　平地面積当たりの太陽光発電設備容量

通信・農家・EV・宇宙開発に貢献

　薄く軽く柔軟かつ低コストで利用できる太陽電池により、解決が期待される課題をもう少し紹介しよう。通信や農家、電気自動車（EV）、宇宙など活躍できる舞台は多様だ。一部ではそうした場面での利用を想定した実証が始まっている。

　群馬県大泉町―。ペロブスカイト太陽電池を搭載した、KDDIの電柱型基地局が2024年2月に稼働した。直径15 cm・長さ120 cmのポールにペロブスカイト太陽電池を巻き付け、そのポール4本を基地局の高さ10 m付近に設置した（**図表1-3**）。曲げられる特性を生かしてポールに巻き付け設置することで、上空に吹く風を受け流しやすく風荷重を受けにくい安全な構造にした。最大1年間の実証を行い発電量や耐久性などを検証し、設置場所を広げていく。

　「基地局は全国に数万カ所ある。企業として脱炭素化を進めるためには、そうした設備を十分に活用して再生可能エネルギーを自ら作っていく必要がある」。KDDIコア技術統括本部技術企画本部カーボンニュートラル推進室の市村豪室長は力を込める。

　同社グループは2030年度のカーボンニュートラル達成を目標に掲げる。同社全体の電力使用量のうち約5割を基地局関連が占めており、その省電力化は課題だ。

　一方で、全国に数多ある基地局設備に少量ずつでも再エネ設備が設置できれば、全体では大きな発電量となり、脱炭素化への武器になる。鉄塔にアンテナを設置した基地局（鉄塔型基地局）の一部では、太陽光発電による電力供給などを行う「サステナブル基地局」の運用を2023年5月に始

KDDI提供

図表1-3　ポールに巻き付けてKDDIの基地局に設置

めた。ただ、基地局のうち過半数は電柱型で敷地面積が畳3畳分程度と小さく、既存の太陽光発電の設置は難しい。そこで、電柱に備え付けられる薄くて軽く曲げられるペロブスカイト太陽電池を生かす。

　薄くて軽く曲げられる太陽電池は、農家でも生かせる。例えば、耐荷重が低いビニールハウスの曲面に設置でき、ビニールハウスの環境を監視するシステムの電源を地産地消で補えるようになる。

　EVも有望な分野だろう。EVにとって航続距離の延伸は、利便性を高める上で重要な課題になっている。太陽電池を屋根部分に設置すれば、その課題の改善に貢献できる。特に、自宅から20～30 km圏内の利用が中心の近距離移動ユーザーにとっては、太陽電池だけで日々の動力を賄える可能性があり、EVの大きな魅力向上につながる。

　将来は宇宙応用も期待されている。現在、人工衛星などの宇宙機には「化合物3接合型」という構造を持つ太陽電池を利用している。インジウムやガリウム、ヒ素などの2種類以上の元素からなる化合物をそれぞれ材料にした層を3つ作り、それらを重ね、各層で異なる波長の光を吸収して30％以上の高い変換効率を実現している。例えば、2024年1月に日本初の月面着陸に成功し、話題になった宇宙航空研究開発機構（JAXA）の小型実証機「SLIM（スリム）」は、シャープ製の化合物3接合型が搭載された。

　一方、インジウムやガリウムは希少金属（レアメタル）で高価だ。これらを使わないペロブスカイト太陽電池であれば、価格を大きく下げられる可能性があるため、JAXAは「（薄くて軽く曲げられる特性により）搭載自由度も高く、ミッションによって需要がある」と見る。また、宇宙は特殊な厳しい環境だ。特に地上では求められない、放射線に対する耐性が要求される。この点でペロブスカイト太陽電池は、化合物3接合型やシリコン製に比べて高い放射線耐性を持つという研究結果が報告されており、宇宙応用に向けた朗報になっている（ドキュメントiで詳述）。

　JAXAでは将来の宇宙応用を目的にしつつ、地上での事業化を目指す技術について大学や企業と共同研究するプロジェクト「宇宙探査イノベーションハブ」などを通してペロブスカイト太陽電池の研究開発を後押ししている。

事業化のハードル

　ここまでペロブスカイト太陽電池の優位性と、その実用化によって解決できる課題を紹介してきた。これらの課題を解決する特性は、新しい市場を開拓する力を持つ。市場調査会社の富士経済は、2024年5月にペロブスカイト太陽電池の世界市場が2035年に1兆2000億円、2040年には2兆4000億円に拡大する予測を発表した（**図表1-4**）。同社は同様の調査を毎年実施しており、それぞれ2035年時点の市場規模について2022年調査では7200億円、2023年調査は1兆円と見通していた。市場予測を年々拡大させてきたのは、国内外で事業化を目指すメーカーの動きが活発化しているからだ。

　ただ、事業化に向けて課題は残る（**図表1-5**）。1つが耐久性だ。ペロブスカイト太陽電池は、水分や酸素などに弱く劣化しやすい。また、研究室で作製する小さな太陽電池セルは再現性高く20％以上の変換効率を実現しているものの、30 cm角を超える実用サイズの大面積モジュールでは20％になかなかとどかない。大きな面積のモジュールを作製する場合は、発電層の品質や厚みを均一に生成するハード

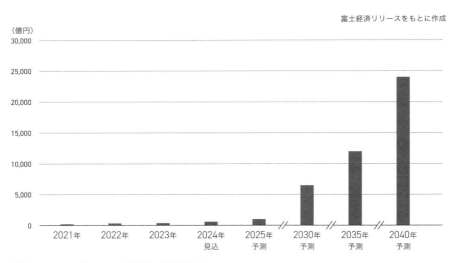

図表1-4　ペロブスカイト太陽電池の世界市場

長所	課題
・薄くて軽く曲げられる特性を持たせられる ・製造や設置、搬送のコスト低減が見込める ・室内光などの低照度の光でも発電できる ・主要原料のヨウ素は日本が世界シェア2位の生産量がある	・大面積モジュールは高い変換効率の実現が難しい ・耐久性が低い ・環境に有害な鉛を含む

図表1-5　ペロブスカイト太陽電池の長所と課題

ルが高いためだ。シリコン太陽電池は量産品で20％を超えている。

　もう1つは、環境に有害な鉛を含む点だ。微量ではあるものの取り扱いには注意が必要で、利用時には管理・回収の体制整備が不可欠になる。この問題は第3章で詳述する。

　政府はこうした課題を解決しつつ、事業化を目指す企業の研究開発を後押しする枠組みを2021年に設けた。グリーンイノベーション（GI）基金だ。新エネルギー・産業技術総合開発機構（NEDO）に2兆円の基金を造成して官民で具体的な目標を共有し、経営課題として取り組む企業などに対して最長10年間、脱炭素関連の研究開発や実証を支援する。ペロブスカイト太陽電池は、洋上風力や水素サプライチェーン、二酸化炭素（CO_2）の分離回収技術などと並んで支援対象となり、648億円が計上されている。このうち、150億円は2023年に積み増した。

　さらに2024年5月には、完成品メーカーのほか、利用者として想定される業界の団体や地方自治体など150社・団体以上が参加する「次世代型太陽電池の導入拡大及び産業競争力強化に向けた官民協議会」を立ち上げた。ペロブスカイト太陽電池の導入目標や価格目標などを整理し、産業競争力の強化に向けた「次世代型太陽電池戦略」について2024年秋をめどに策定する。

　ペロブスカイト太陽電池は世界が注目する技術だ。当然、中国や英国などの海外メーカーも研究開発しており、量産化の動きが顕在化してきている。研究開発支援金の積み増しや官民協議会の発足は、諸外国の動きが活発化する中で、政府が国内

メーカーによる事業化の取り組みを加速させる意志を示した格好だ。

　2兆円を超えると予測される巨大市場を狙った研究開発の競争は、国内外で激しくなっている。では、完成品メーカーの研究開発や市場開拓に向けた現状の動きはどうなっているのか。まずは国内メーカー各社の動向を見ていこう。多くはまだ研究開発の段階だが、その取り組み方から事業戦略の方向性が見え始めている。

1-2　国内メーカーの現在地

先行する積水化学工業

　「持続可能な事業戦略を検討するフェーズに入った」——。積水化学工業PVプロジェクトの森田健晴ヘッドは力を込める。同社の中でペロブスカイト太陽電池はここ数年で研究から製品開発、そして事業戦略を検討する対象へと着実に事業化への階段を上ってきた（**図表1-6**）。現在は都心のビル壁面や火力発電所、港湾施設など多様な場所で性能や施工方法を検証する実証実験を実施している。2025年の事業化を目標に掲げており、その実現が目前に迫る。国内メーカーの中で先行企業と言える。

　ロール状に巻いた長いフィルムを用意し、これを送り出して成膜・加工していく製造方法をロール・ツー・ロール（R2R）と呼ぶ。短い基板1枚ずつに成膜・加工するシート・ツー・シートに比べると一般に設備が安価で、生産速度を速められるため、製造コストの低減が見込める。同社はこのR2Rプロセスで変換効率15.0％、耐久性10年相当の性能を持つ30 cm幅のフィルム型ペロブスカイト太陽電池を作製できる工程を確立している。2025年までに耐久性を20年相当に伸ばすと同時に、1 m幅でのR2Rプロセスの確立を目指す。

　需要開拓の動きも活発だ。大阪市夢洲で2025年に開催する大阪・関西万博には、交通ターミナルのバスシェルター屋根に設置する約250 m分のペロブスカイト太陽電池を提供する。東京都千代田区で2028年度に竣工を予定する超高層ビルの壁面に1 MW分を設置する計画もある。このほか、いち早く量産による低コスト

化を図るため、大面積での導入が見込める需要を模索している。具体的には、政府が導入推進の方針を示している線路脇の法面（のりめん）や空港の駐車場などを想定する。

海外市場にもすでに目を向けている。一定の性能や製造プロセスを実現している日本製ペロブスカイト太陽電池について「国際安全保障の観点で欧米の信頼や期待は高い」（森田ヘッド）。実際、スロバキア共和国経済省と2024年2月に、同国におけるペロブスカイト太陽電池の活用に向けて法規制などの課題を共同で検討する覚書を結んだ。欧州市場を開拓する足がかりにする。

積水化学工業提供

図表1-6　積水化学のフィルム型ペロブスカイト太陽電池

一方、事業化当初は量産品のシリコン太陽電池に比べて割高になる。当初は政府による導入補助も見込まれるが、「補助がなくなった後も成立する事業体制を見据えなくてはいけない」（森田ヘッド）。また、ペロブスカイト太陽電池の耐久性を評価する方法はまだ確立しておらず、「10年相当」といった性能は既存の太陽電池（アモルファスシリコン太陽電池）用に作られた試験の結果をもとに算出した値という。

まだ市場がなく、性能の評価法も確立していない状況で事業計画をどう描くか。先行者として、量産体制の規模など難しい検討を迫られている。

フィルム型で高効率、東芝エネルギーシステムズ

東芝エネルギーシステムズは、積水化学と同様のフィルム型ペロブスカイト太陽電池で2025年度以降の事業化を目指す。面積703 cm^2で変換効率16.6％と、フィルム基板としては世界最高水準（2022年10月時点）の性能を実現している。事業

化に向けて変換効率20％、耐久性は15〜20年相当を目標に掲げる。表面張力を利用して発電層を成膜するメニスカス塗布法で独自の技術を持っており、これを軸に製造プロセスの確立を目指す。

　需要先は薄くて軽く曲げられるフィルム型の特性が生かせる耐荷重の低い屋根や外壁などのほか、大面積の設置が見込める線路脇の法面や空港の駐車場などを想定する。また、福島県大熊町とは、同町における脱炭素の推進による復興まちづくりのための協定を2022年に締結しており、それにもとづき2024年5月に実証実験を始めた。大熊町役場の中に約30 cm×100 cmのフィルム型ペロブスカイト太陽電池を4枚設置し、発電性能などを検証している（**図表1-7**）。

　一方、フィルム型以外の事業機会も見据える。ペロブスカイト太陽電池とシリコン太陽電池を積層するタンデム型だ。タンデム型はシリコンとペロブスカイトがそれぞれ吸収の得意な光の波長が異なる特性を利用し、より幅広い波長の光を吸収できるようにして高い変換効率を実現する。NRELによると、2023年9月時点でペロブスカイト太陽電池単体の変換効率が最高26.1％なのに対し、タンデム型は33.9％を記録している。中国の隆基緑能科技（ロンジ）が報告した。

　詳細は後述するが、ロンジをはじめとする中国のシリコン太陽電池メーカー大手の多くが、シリコン太陽電池の高付加価値化に向けた研究開発計画に、ペロブスカイト太陽電池とのタンデム型を盛り込んでおり、将来有望な市場と目される。東芝エネルギーシステムズエネルギーアグリゲーション事業部次世代太陽電池開発部の戸張智博部長は「（将来の市場に備えて）ノウハウを得るために研究開

図表1-7　東芝エネルギーシステムズは福島県で検証を進める

発している」と説明する。

例えば、2023年には光耐久性が高く、変換効率は21.2％のタンデム型を開発した。真夏の直射太陽光を模した疑似太陽光を1000時間連続で照射しても変換効率の低下（劣化率）が10％未満にとどまる成果を世界で初めて報告した。今後、シリコン太陽電池メーカーとの協業体制の構築を含めて事業機会を模索するという。

パナソニックによる発電する建材ガラス

「建材ガラスを発電できるようにする」―。パナソニックホールディングス（HD）技術部門テクノロジー本部マテリアル応用技術センター1部の金子幸広部長の言葉は、同社の戦略を象徴している。建材ガラスは強度を高める処理などによって微細な凹凸や反りが発生する。そうした平滑ではないガラス基板にも、均質な発電層を一括で成膜しやすいインクジェット塗布とレーザー加工の技術を生かし、サイズや透過度を制御できるセミカスタムの建材一体型太陽電池（BIPV）として、2026年にペロブスカイト太陽電池の試験販売を始める計画だ（**図表1-8**）。

セミカスタムBIPVで市場に挑む背景には、過去の苦い経験がある。シリコン太陽電池市場からの生産撤退だ。2011年に完全子会社化した旧三洋電機を源流として製品を手がけていたが、中国メーカーとの価格競争で採算が悪化し、2021年度に生産を終了した。金子部長は「（中国メーカーも研究開発を活発化させる中で）シリコン太陽電池のように、同じ形式のものをたくさん作るビジネスモデルは難しい。自社技術を生かせる部分を加味してセミカスタムを市場参入の入り口にしたいと考えた」と説明する。

建材ガラスにインクジェット塗布でペロブスカイト層などを成膜し、その後、レーザー加工で透明化・集積化する際に、透過度を制御する。透過度が低く発電量が多いガラスや、発電量は少ないものの透過度が高いガラスを顧客の要望に応じて提供できるようにする。

2020年に30 cm角の実用サイズで、変換効率16.09％と当時世界最高の効率を達成した。2024年4月現在は18.1％まで伸ばしている。今後はさらに大面積化を進

2023年8月撮影

図表1-8　パナソニックは建材ガラスとの一体型に取り組む

め、2024年度中にも1.0 m×1.8 mのサイズで一定の性能を持つモジュールを開発する。耐久性は20年相当を目指しており、小面積のセルでは実現の兆しが見え始めているという。

将来はタンデム型の事業化も視野に入れる。ただ、前出の東芝エネルギーシステムズとは異なり、2つのペロブスカイト太陽電池を積層して高効率化を狙う。ペロブスカイト太陽電池は材料の組成により、吸収が得意な光の波長を変えられる。そうして2つのペロブスカイト太陽電池を作製して積層する。「ペロブスカイト単層ではシリコン太陽電池の変換効率は超えられない。将来の高付加価値化のアイテムとしてタンデム型を（事業化に向けた）研究開発の計画に入れている」（金子部長）。

アイシンは薄板ガラスで軽く

アイシンは厚さ0.3 mmの薄板ガラスを基板に用いる。曲げやすさはフィルム基板に劣るものの、耐荷重の低い屋根や壁面に設置する際に求められる軽さの閾値となる「1 m^{2}当たり3 kg以下」を達成できるという。ガラスは、ペロブスカイトが忌避する水分に対するバリア性がフィルムに比べて高い利点もある。2026年4月をめどに自社工場の屋根や壁を中心に設置して大規模実証を開始し、2030年以降に最低20 MWの生産体制を整えて事業化する。

安価で資源制約の少ないカーボン電極を用いた30 cm角のモジュールで変換効率14.14%、金電極を用いた10 cm角で17.04%を実現している。発電層の成膜に自動車部品の塗装で技術を培ったスプレー法を用いるほか、研究開発子会社であるイ

ムラ・ジャパンの材料開発の力を生かす。2025年度までに30 cm角サイズで変換効率20％、耐久性20年相当の実現を目指す。

2024年4月には本社地区の建物外壁に設置し、実証実験を始めた（**図表1-9**）。競合製品となり得る、薄くて軽い薄膜のシリコン太陽電池も並べて設置し、発電量を比較している。早朝や夕方などの日射が陰り照度が低い時間帯や高温時に、ペロブスカイト太陽電池はシリコン太陽電池より多くの発電量を示しているという。低照度の光でも発電する特性などが貢献している。アイシン製品開発センター先進開発部グリーンエネルギー開発室の中島淳二主席技術員は、「年間発電量はペロブスカイト太陽電池がシリコン太陽電池の1.1〜1.2倍になるのではないか」と見通す。

需要先は工場屋根や外壁のほか、将来は車載用を狙う。同社はルーフパネル製品を供給しており、それにペロブスカイト太陽電池を一体化させた製品を提案したい考えだ。

アイシン提供

図表1-9　アイシンによる外壁での実証実験

京大技術を生かすエネコートテクノロジーズ

注目のスタートアップもいる。京都大学発のエネコートテクノロジーズだ。京大化学研究所の若宮淳志教授が、同大の学生時代に同期だった加藤尚哉社長と2018年に共同創業した。同大とともに研究開発する体制が強みで、2024年内にIoTセンサー向けなどの小面積製品について販売先を限定して供給を始める。量産ラインを整える拠点の計画も進めており、2025年以降に稼働する見通し。自社生産のほか、太陽電池のモジュール製造に関わる特許技術やノウハウを提供して生産委託す

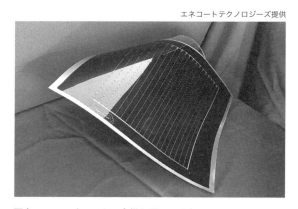

エネコートテクノロジーズ提供

図表1-10 エネコートは多様な需要に対応する

る構想も持つ。センサー用途や車載、建物用など多様な需要に応えていく（**図表1-10**）。

試作ラインは2023年11月頃に稼働した。フィルムを基板にした370 mm×470 mmのサイズで変換効率15.2％を実現しており、2025年度までに900 cm^{2}で変換効率18％、耐久性15年相当の達成を目標に掲げる。前出の通り、ペロブスカイト太陽電池は発電層を大面積で均質に成膜する難易度が高いが、そのプロセスの安定性も高まってきているという。エネコートの堀内保最高技術責任者（CTO）は、「京大は（発電層の成膜が上手くいかなかった場合などに）現象の背景を科学的に考えられるノウハウや装置を持っており、（プロセスの改善に）役立っている」と説明する。

若宮教授は有機化学が専門で、ホウ素に関わる基礎研究に励んだ後、2013年頃にペロブスカイト太陽電池の研究を始めた。2016年に日本で初めて変換効率20％以上を達成したほか、2022年には鉛の一部をスズに置き換えたペロブスカイト太陽電池で変換効率23.6％を実現している。ペロブスカイト太陽電池に関わる鉛含有の問題は、前に指摘した通りだ。適切な管理・回収体制を整備した上での実用化が期待される一方、鉛の量を減らしたりなくしたりした製品は待望される。エネコートは京大の研究成果を生かしながら、鉛を減らした製品の事業化を目指す。

エネコートはペロブスカイト太陽電池の利用を検討する大企業からの注目度が高い。KDDIや豊田合成などから資金調達しているほか、共同研究を相次ぎ始めている。トヨタ自動車とは車載用、三井不動産レジデンシャルとは住宅用について共同研究の開始をそれぞれ2023年に発表している。エネコートの加藤社長は「（共同研究を求める声は）研究開発を進める上で励みになる」と微笑む（ドキュメントiiで詳述）。

印刷技術を自負するリコー

　リコーは2024年5月時点で、開発中のペロブスカイト太陽電池の性能や事業化の目標時期を公にしていない。ただ、ペロブスカイト太陽電池の製造に利用する印刷の技術やノウハウ、太陽電池に関わる事業化の実績を鑑みると、有力企業の1社と言える。

　ノズルやインクを自社開発した産業用R2Rインクジェットプリンター製品は2014年から供給しており、インクジェット技術による電子デバイス製造にも長く取り組む。ペロブスカイト太陽電池と同じ有機系太陽電池に位置づけられる色素増感太陽電池は2019年に事業化し、商品を販売している（**図表1-11**）。

　こうした技術・ノウハウを生かして製造プロセスの確立と材料開発を進める。同社先端技術研究所IDPS研究センターPV-PTの田中裕二氏は、「『太陽電池』『インクジェット』『R2R』という3要素の組み合わせでは、我々が一番確度の高い技術を持っているのではないか」と自信を見せる。

　同社は基板候補の1つに、極薄のフレキシブルガラスを用いる点も特徴だ。R2Rプロセスに適用できる薄さで、数百℃の高温乾燥プロセスに耐えられるため、生産速度の向上が期待できる。製造時に割れてしまうリスクがあり、取り扱いの難しさはあるものの、完成品においてフィルムより水分を通しにくく、耐水性が求められる環境での耐久性に貢献する。一方、フィルムを基板に用いた製品なども研究する。田中氏は「世の中のトレンドに対してタイムリーに製品化して投入できるように技術開発を進めたい」と意気込む。

2024年1月撮影

図表1-11　リコーは色素増感太陽電池のノウハウなどを生かす

カネカ・シャープも

このほか、カネカやシャープも研究開発に乗り出している。カネカは2027〜2028年頃の事業化を目指し、フィルム型ペロブスカイト太陽電池と、ペロブスカイトとシリコンのタンデム型の研究開発を進めている。タンデム型では面積64 cm^{2}で30.7％の変換効率を実現している。

一方、シャープはペロブスカイトとシリコンを積層したタンデム型の研究開発に注力しており、2026年に変換効率30％超の達成を目標に掲げている。

日本メーカー各社は、これから2030年頃にかけて事業化を目指す（**図表1-12**）。各社の声を踏まえると、ペロブスカイト太陽電池単体の製品の性能としては変換効率が15〜20％、耐久性は15〜20年相当が共通のターゲットと言えそうだ。

ペロブスカイト太陽電池に用いる基板や、その製造プロセスはメーカーによって異なる。すでに相次ぎ始まっている実証実験を含め、それぞれの方法で事業化を目指す研究開発は間もなく佳境を迎える（**図表1-13**）。

1-3　国際動向と日本の勝ち筋

中国は「タンデム型」目立つ

ここまで見てきたように国内ではまず、薄くて軽い特性を生かした市場を開拓しようと研究開発するメーカーが多い。ただ、世界に目を向けると、それはニッチな取り組みにも見える。世界では約50社が研究開発に参入していると見られるが、海外メーカー、特にシリコン太陽電池の市場で大多数のシェアを持つ中国メーカーでは、現時点でシリコンとペロブスカイトを積層したタンデム型の研究開発が目立つ。

タンデム型の研究開発が目立つ理由としては、3つが考えられる。1つはシリコン太陽電池メーカーにとって既存事業の延長線と捉えられることだ。シリコン太陽電池の製造工程をそのまま生かしつつ、すでにシェアを持つ市場に、より高付加

第1章　ペロブスカイト太陽電池が必要な理由

取材にもとづき作成（2024年7月時点）

企業名	事業化の目標時期	変換効率／面積	耐久性	基板	基板の搬送方法	塗布方法	主要ターゲット
積水化学工業	2025年	15.0%／30 cm角	10年相当	フィルム	ロール・ツー・ロール	ダイコート	耐荷重の低い屋根・壁面、公共インフラの屋根や未利用地など
東芝エネルギーシステムズ	2025年度以降	16.6%／703 cm²	－	フィルム	シート・ツー・シート	メニスカスが軸	耐荷重の低い屋根・壁面、公共インフラの屋根や未利用地など
パナソニックHD	2026年頃	18.1%／30 cm角	－	建材ガラス	シート・ツー・シート	インクジェット	建材一体型（BIPV）
アイシン	2030年以降	14.1%／30 cm角 ※1	－	薄板ガラス ※2	シート・ツー・シート	スプレー	工場屋根・車載など
エネコートテクノロジーズ	2024年	15.2%／G2サイズ ※3	－	フィルム／ガラス	シート・ツー・シート	インクジェット／ダイコート	どこでも電源（IoTセンサー・壁面・車載・宇宙など）
リコー	－	－	－	フレキシブルガラス ※4	ロール・ツー・ロール	インクジェット	顧客の需要に応じて
カネカ	2027-28年頃	【単接合】22.2%／64 cm²　【タンデム】30.7%／64 cm²	－	フィルム／タンデム	－	－	【単接合】耐荷重の小さい屋根・壁面、車載など　【タンデム型】住宅屋根・ビル壁面など

－：非公表
※1：カーボン電極を用いたもの　※2：フィルムでも研究する　※3：370 mm×470 mm　※4：候補の1つ、フィルムなどでも研究する

図表1-12　主な日本メーカーの研究開発の現状

25

〈ペロブスカイト太陽電池をめぐる主な実証実験〉

場所	ペロブスカイト太陽電池の提供元	開始時期
JERA横須賀火力発電所・鹿島火力発電所	積水化学工業	2023年3月
東京都下水道局 森ヶ崎水再生センター		2023年5月
センコー茨城支店 茨城PDセンター		2024年3月
NTT品川TWINSデータ棟		2024年3月
東京都北区の閉校した学校プール		2024年4月
東京国際クルーズターミナル		2024年5月
福島県 大熊町役場内	東芝エネルギーシステムズ	2024年5月
東京臨海副都心		2024年8月
Fujisawaサスティナブル・スマートタウン	パナソニックHD	2023年8月
アイシン本社地区	アイシン	2024年4月
群馬県大泉町にあるKDDIの基地局	エネコートテクノロジーズ	2024年2月
苫小牧埠頭の物流倉庫		2024年4月
大田区立馬込第三小学校	リコー	2024年1月
厚木市役所本庁舎		2024年3月
東京都庁展望室		2024年3月
超小型衛星「DENDEN-01」		2024年秋

〈ペロブスカイト太陽電池の採用計画〉

場所	ペロブスカイト太陽電池の提供元	採用時期
JR西日本 大阪駅（うめきたエリア）	積水化学工業	2025年
大阪・関西万博（西ゲート交通ターミナルのバスシェルター）		2025年
内幸町一丁目街区南地区第一種市街地再開発事業		2028年度

図表1-13　主な実証実験と採用計画

値化した商品として投入できる。

　単純に市場規模が大きいという理由もあるだろう。シリコン太陽電池をベースにしたタンデム型は、耐荷重が低い屋根や壁面への設置は難しい。だから日本の場合、タンデム型の設置では適地不足の課題が生まれる。しかし、世界を見渡せばそれは例外で、シリコン太陽電池が設置できる場所は決して少なくない。既存のシリコン太陽電池からの置き換え需要も見込める。先に触れた富士経済の市場予測においても、2040年の市場規模2兆4000億円のうち、タンデム型が70％を占めると見通している。

　もう1つは技術的なハードルだ。ペロブスカイト太陽電池の事業化に向けた課題として、発電層の均質な大面積モジュールを作製する難しさをあげた。タンデム型ではそのハードルが下がる可能性が指摘される。シリコン太陽電池は小面積のセルを複数組み合わせてモジュールを作る。そのため、タンデム型ではペロブスカイト太陽電池もシリコンに合わせて小面積で使うことになるので、均質な層が作りやすいとみられる。

　では、実際のシリコン太陽電池メーカーなど海外メーカーの具体的な動きはどうか。太陽光発電に関する調査研究・分析などを手がける資源総合システムの資料などをもとに紹介したい（**図表1-14**、インタビュー1に詳述）。

　シリコン太陽電池大手で中国メーカーの晶科能源（ジンコ）や隆基緑能科技（ロンジ）、韓国のハンファQセルズは、研究開発のロードマップにおいてタンデム型を将来の技術に位置づけている。ジンコは最短で2029年の量産化を視野に入れており、ハンファは2026年末までに韓国工場で商業生産を始めるほか、ドイツで2030年までの年産GW級の量産開始を目指す。同じく中国の協鑫光電材料（GCL）はガラス基板のペロブスカイト太陽電池について2023年に年産100 MWの工場を建設したという。2025年には年産5 G〜10 GWに拡張する計画で、タンデム型も開発する。

　英国のオックスフォードPVも早くからタンデム型に焦点を絞って取り組んでいる。2021年に年産100 MWの生産工場の建設が完了しており、2024年には年産GW級に拡大する予定。すでに少量での出荷を始めているという。ちなみにオック

企業名	国籍	開発製品	生産事業化状況
杭州繊納光電科技 Hangzhou Microquanta Semiconductor	中国	ペロブスカイト単接合 （ガラス） ※フレキシブルやシリコンタンデム型なども開発中	18年に20 MW/年の試験ラインを完成 22年に100 MW/年の量産ラインで商業生産開始 25年に5 GW/年に拡張計画
協鑫光電材料 GCL Optoelectronics Material	中国	ペロブスカイト単接合 （ガラス） ※シリコンタンデム型も開発中	24年に1 GW/年の工場、25年に5 G−10 GW/年の工場に拡張計画
極電光能 UtmoLight	中国	ペロブスカイト単接合 （ガラス）	23年に1 GW/年の工場着工 25年に商業生産開始を計画 25−26年に6 GW/年に拡張計画
万度光能 Wonder Solar	中国	ペロブスカイト単接合 （ガラス）	21年に200 MW/年のパイロット生産ライン設立 23年に2 GW/年の工場・研究施設プロジェクト開始
大正微納科技 DaZheng (Jiangsu) Micro-Nano Technologies	中国	ペロブスカイト単接合 （フレキシブル）	23年に100 MW/年の工場の建設計画について地元政府と提携協議書を締結
仁爍光能 RenShine Solar	中国	ペロブスカイト単接合 （ガラス、フレキシブル） ※2種のペロブスカイトタンデム型も開発中	22年末時点で10 MW/年稼働中 24年に量産開始予定
深圳無限光能技術 Shenzhen Infinite Solar Energy Technology	中国	ペロブスカイト単接合 （ガラス、フレキシブル）	22年末までに10 MW/年の試験ラインの建設完了 24年に100 MW/年の商業量産ライン設立を計画

図表1-14　ペロブスカイト太陽電池開発に参入する主な海外企業

資源総合システム資料をもとに作成

企業名	国籍	開発製品	生産事業化状況
晶科能源 JinkoSolar	中国	ペロブスカイト／結晶シリコン（TOPCon）タンデム型	24年3月現在、タンデムタイプの研究に全研究費の3分の1を投入する予定。最短で29年の量産化を視野
愛康科技 Akcome Solar Science & Technology	中国	ペロブスカイト／結晶シリコン（HJT）タンデム型	タンデム太陽電池セルの研究所やパイロット工場の設立計画を23年に発表
通威集団 Tongwei Group	中国	ペロブスカイト／結晶シリコン（HJT）タンデム型	100 MW/年のタンデム太陽電池の研究開発ライン含む研究開発センター設立計画について24年1月に中国・四川省発展改革委員会から承認獲得
上海電気集団 恒義光伏科技 Shanghai Electric Group Hengxi Photovoltaic Technology (Nantong)	中国	ペロブスカイト／結晶シリコン（HJT）タンデム型	26－28年頃に20 GW/年のタンデム太陽電池セルおよびモジュールを生産する計画
Hanwha Q CELLS	韓国	ペロブスカイト単接合、結晶シリコンタンデム型	ドイツで22年にパイロット生産ライン構築を開始。30年までにGW/年級の量産開始が目標 韓国で26年末までに商業生産の開始を予定
Oxford PV	英国	ペロブスカイト／結晶シリコン（HJT）タンデム型	21年に100 MW/年の工場の建設完了 24年にGW/年級を目指す
Saule Technologies	ポーランド	ペロブスカイト単接合（フレキシブル）	22年に4万m^2/年で商業生産開始 24年に70万m^2/年に拡張計画

スフォードPVは英オックスフォード大学のヘンリー・スネイス教授らが2010年に創業した。ペロブスカイト太陽電池は桐蔭横浜大学の宮坂力研究室が2009年に最初の論文を発表したが、その後、2012年に変換効率が10%を超える成果が発表されたことで研究開発に火が着いた。スネイス教授はその成果をまとめた論文の責任著者でもある。

　米国のファーストソーラーは発電層にテルル化カドミウム（CdTe・カドテル）を用いた「カドテル太陽電池」を展開しており、太陽電池の世界シェア上位につける。同社は2023年にペロブスカイト太陽電池を手がけるスウェーデンのEvolar（エボラー）を買収しており、カドテルとペロブスカイトのタンデム型の研究開発を進めている。

　中国のスタートアップの極電光能（ウトモライト）は、ガラス基板のペロブスカイト太陽電池について2023年に年産1GWの生産工場を着工しており、2025年の商業生産開始を計画する。万度光能（ワンダーソーラー）は2023年に年産2GWの生産工場を建設するプロジェクトを始めたという。

　フィルム型で事業化を狙う中国メーカーもいる。スタートアップの大正微納科技（ダーツェン）は、2023年11〜12月に年産100MWの量産ラインについて建設を始めたと発表した。同じくスタートアップの仁爍光能（レンシャインソーラー）は、ガラス基板とともにフィルム基板によるペロブスカイト太陽電池の研究開発を進めており、2024年に量産を始める予定という。

　このほか、ポーランドのサウレ・テクノロジーズは屋内用の電子商品タグなど向けに量産化を進めているほか、オフィス壁面に設置した実証実験を進めている。

日本企業の生きる道

　日本企業と海外企業の動向を比較すると、どう感じるだろうか。公表ベースでは量産ラインの計画や稼働は海外が先行しているように見受けられる。規模も大きい。量産時の規模を日本メーカーに問うと、多くが「検討中」と明言を避ける。この点で、日本メーカーには大規模に投資する覚悟が求められるし、海外メーカーの

動向を鑑みれば、それを決断するまでの時間はそう長く残っていない。

　太陽電池の市場で日本企業はかつて苦い経験をした。シリコン太陽電池において日本メーカーは事業化で先行し、2000年代はシャープや京セラ、三菱電機などが世界シェアの上位に名を連ねた。しかし、中国メーカーの大規模投資による低価格攻勢に敗れ、2010年代にシェアを奪われた。この背景に中国政府による生産工場用地の優先的な提供や、生産工場が立地するエリアの電気料金の優遇といった多様な支援があったことは見逃せない。その意味で、ペロブスカイト太陽電池では日本政府による大胆な支援も期待されるところだ。

　一方、ペロブスカイト太陽電池はシリコン太陽電池と構造が大きく違うため、異なるサプライチェーンが構築される。必ずしも大量生産による価格競争だけの市場にはならないとも目される。その構造は複雑で製造が難しく、素材の力やそれを扱う技術が性能を大きく左右する。具体的に言えば、溶液を塗布して乾かす印刷技術で作ることができる、あるいは軽いプラスチックフィルムを基板にできるといった特性を最大限に生かす技術と、それによって裏づけられたビジネスモデルの構築によって、勝ち筋を見出せる可能性がある。

　例えば、積水化学はフィルム型ペロブスカイト太陽電池についてR2Rの製造プロセスを確立しているが、海外企業を含めて同様のプロセスを実現したという声は、2024年6月時点で聞かれない。耐久性でも先行していると見られ、その性能は高い世界シェアを持つ自社製品の開発で培ってきた素材技術を応用して実現している。また、パナソニックは独自のインクジェット塗布や材料の技術を武器に、海外勢との価格競争に陥りにくいセミカスタムBIPV市場を狙う。

　つまり、彼らが武器にする素材や、それらを扱う技術はペロブスカイト太陽電池市場で戦う上で日本の強みになる。そしてペロブスカイト太陽電池の市場は完成品メーカー以外にも、技術やノウハウで存在感を放つ国内の素材・化学メーカーが事業機会をうかがう。そうしたメーカーの存在もまた、日本の競争力になると考える。だから、ここからはペロブスカイト太陽電池に関わる素材の世界を見ていきたい。その前情報としてまず、第2章ではペロブスカイト太陽電池の仕組みや構造、製造方法の詳細を紹介する。

インタビュー・ニッポンの勝ち筋を探る　1

野心的な導入目標に期待、設置・交換方法を含めたシステムの実証が必要

資源総合システム

貝塚 泉 首席研究員

世界で事業化を目指す動きが活発化するペロブスカイト太陽電池。産業化に向けて必要なことや日本企業の勝ち筋について、資源総合システムの貝塚泉首席研究員に聞いた。（取材は2024年6月18日に実施）

──ペロブスカイト太陽電池市場の展望は。

（既存のシリコン太陽電池に置き換わる）ゲームチェンジャーになるのは難しいと考えています。ガラス基板の場合、（2023年12月時点で）小面積セルの変換効率は26.1％に達していますが、モジュールサイズでは18.2％にとどまっています。（大面積で作製する際の）成膜技術は課題になっており、面積によって変換効率に大きなギャップがあります。また、諸外国の関係者は耐久性を最も問題視している方が多いです。こうした課題を解決してシリコン太陽電池と同じ市場で戦えるか。私は少なくとも2030年までの実現は難しいと見ています。

ただし、軽量やフレキシブルといった特性を生かして太陽電池市場の裾野を広げる役割はあるでしょう。シリコン太陽電池に積層して高効率化する「タンデム型」も期待されます。

──太陽電池産業の過去を振り返ると、日本企業はシリコン太陽電池で中国企業の低価格攻勢に敗れ、2010年代にシェアを奪われました。その背景についてどう考察しますか。

中国企業は旺盛な国内需要をベースに生産能力を伸ばしました。米ニューヨーク

市場に上場して資金調達にも成功しました。背景には中国政府による国内需要の創出や太陽電池の製造支援などがありました。そうして太陽電池は安価になり、事業としては利益が出しにくく、規模の経済性でしか成り立たなくなりました。その中で、日本企業は太陽電池専業ではなかったため、利益の出しにくい事業に対して生産能力を拡大する投資判断はできませんでした。

——そこから学び、ペロブスカイト太陽電池の産業化に向けて生かすべき教訓は。

　しっかりとした国内市場は重要です。2023年における太陽電池の年間導入量は6.2 GW 程度でしたが、それでは厳しい。(2024年度中をめどに策定予定でエネルギー政策の方向性を示す)『第7次エネルギー基本計画』では(ペロブスカイト太陽電池を含む)太陽電池の導入について野心的な目標を設定するよう政府には期待したいです。

　一方、太陽電池産業の過去に学ぶとすれば、シリコン太陽電池だけでなく(化合物系の) CIGS 太陽電池など薄膜系の太陽電池を手がけたメーカーが撤退してしまった過去にも学ぶべきです。

——薄膜系はなぜ撤退したのでしょうか。

　シリコン太陽電池に対して性能面で競争力を持てなかったこと、その上でシリコン太陽電池が対応できない市場の開拓もできませんでした。シリコン太陽電池が対応できない場所で使えたとしても、それなりの性能と強い需要が必要ですから。

——需要という面では足元で脱炭素化の要請が強くなっており、重さの問題などでシリコン太陽電池が対応できない場所で使える新しい太陽電池に対する期待は大きくなっているように感じます。

　確かに社会環境の変化により、薄膜系が撤退した頃よりは需要は作りやすくなっています。とはいえ、シリコン太陽電池も進化しています。完全なフレキシブルとまでは言えませんが、軽量で可撓性のある製品も登場しています。そうした動向は意識すべきです。

──実際の需要開拓に向けて必要なことは。

　太陽電池そのものの性能だけでなく、設置・交換方法などを含めて社会実装を見据えたシステムを確立する実証が必要です。そうして、新たなシステムを実用化するための規制緩和などを進めるべきです。ペロブスカイト太陽電池に含まれる環境に有害な鉛の管理・回収体制を含めて、社会実装のための環境整備は重要になります。

──**海外企業の事業化に向けた動きは。**

　タンデム型の研究開発が目立ちます。中国の隆基緑能科技（ロンジ）や晶科能源（ジンコ）、韓国のハンファQセルズなどシリコン太陽電池メーカー大手が研究開発のロードマップを作っており、タンデム型を将来の技術に位置づけています。英国のオックスフォードPVは少量ですが、すでに出荷を始めたとも聞きました。

──**なぜタンデム型の研究開発が活発なのでしょうか。**

　中国勢はシリコン太陽電池で市場シェアの大半を占めています。タンデム型にすることでより高い変換効率を実現し、すでにシェアを持つ市場で付加価値の高い製品を供給するという考えがあるのでしょう。

　また、タンデム型は単体よりも量産工程を整えやすい可能性が指摘されます。ペロブスカイト太陽電池は単体の場合、1枚の大きなモジュールを利用します。一方、シリコン太陽電池は小面積セルをたくさん組み合わせてモジュールを作るので、タンデム用のペロブスカイト太陽電池も（膜を均質に作りやすい）小面積で利用します。もちろんシリコンの層とペロブスカイトの層を接合する技術の確立という課題は残りますが。

──**日本企業にとってはやはり中国勢が脅威になるでしょうか。**

　中国勢はスタートアップを含めて非常に取り組みが活発です。著名な研究者の成果は（世界トップの科学誌である）『Nature（ネイチャー）』や『Science（サイエンス）』でも採用されています。中国はもはや後追いではなく、技術を引っ張って

いると感じます。太陽電池市場のほとんどをおさえている現状は、研究者にとって（自分の成果を生かせる）出口があるということですから、それは研究者が多い要因になっています。中国は国内市場の規模が大きく、仮にペロブスカイト太陽電池の事業化に成功したら規模の経済性によって、日本企業が追いつくのは難しくなるかもしれません。

　一方、勝負はまだついていません。どこがいち早く、大面積における変換効率や耐久性といった課題を克服できるかです。中国は研究者が多いからといって、必ずしも（日本の）負けというわけではありません。日本は素材メーカーが強く、（耐久性の向上に貢献するフィルムなど）材料の技術を持っています。その技術力で変換効率や耐久性などを高められれば大きな強みになります。完成品メーカーと素材メーカーが協業して、高性能で安価な製品を製造できればよいと思います。

――国内の完成品メーカーに求められることは。

　出口を意識した取り組みは重要です。その意味で、積水化学工業はグループ会社に住宅メーカーという出口を持っていますし、パナソニックは窓やバルコニー用のガラス建材一体型製品での事業化を目標に掲げています。そうした体制を生かした取り組みに期待したいです。また、別の出口として想定されるタンデム型にも取り組むべきだと考えます。

column

1　特許出願のこれまでとこれから

「ペロブスカイト材料が実用化にまでつながるとは思わず、多額の費用がかかる海外特許は出願しなかった」――。桐蔭横浜大学の宮坂力特任教授は、自身の研究室でペロブスカイト太陽電池が誕生した後、代表を務めるペクセル・テクノロジーズから2012年に特許出願した。10件が登録されている。ただ、国内でしか出願しなかった。「当時の状況ではこの選択しかなかった」と悔やむ。

では、ペロブスカイト太陽電池に関わる技術の海外を含めた特許出願はどのような状況か。特許庁の『令和4年度GXTIに基づく特許情報分析（要約）』によると、2010～2021年において2つ以上の国・地域で出願した発明などの件数「国際展開発明件数（IPF件数）」は、日本の国籍人による出願が273件でトップだ。欧州籍が245件で2位、直近で研究開発の活発化が指摘される中国の国籍人による出願件数は111件にとどまっている（**図表1-15**）。

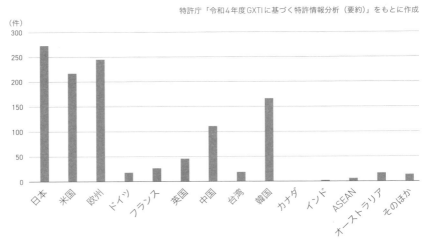

図表1-15　出願人国籍・地域別のIPF件数（優先権主張年2010-2021年）

出願人別のIPFは、パナソニックが46件で首位。積水化学工業も32件で3位につけ、トップ10には富士フイルムと東芝も入っている（**図表1-16**）。パナソニックHD技術部門テクノロジー本部マテリアル応用技術センター1部の金子幸広部長は「出願件数が多いからと言って我々が優位に立っているとは思わない。ただ、強い特許の出願は大事。今後も取り組まなければいけない」と力を込める。

　一方、今後の動向においては中国勢も侮れない。1つの国・地域のみの出願を含む発明件数の動向を見ると、中国国籍人による2010〜2019年の件数は年率336.3%で増えている。ペロブスカイト太陽電池の特許動向に詳しいSK弁理士法人（SKIP）の奥野彰彦代表社員は「中国政府は外国特許出願に対する支援を増やしており、足元で海外での出願も増えている。品質も極端に低いことはない。特許出願の先行指標となる学術論文の発表件数の伸びも著しい。（追い上げは）脅威と見るべきだろう」と指摘する。

特許庁「令和4年度GXTIに基づく特許情報分析（要約）」をもとに作成

順位	件数	出願人名	国籍・地域
1	46	パナソニック	日本
2	44	メルク	ドイツ
3	32	積水化学工業	日本
4	30	LGグループ	韓国
5	29	富士フイルム	日本
6	26	スイス連邦工科大学ローザンヌ校	スイス
7	25	東芝	日本
8	23	ALLIANCE FOR SUSTAINABLE ENERGY,LLC	米国
9	22	韓国化学研究院	韓国
10	20	原子力・代替エネルギー庁	フランス
10	20	OXFORD UNIVERSITY INNOVATION LIMITED	英国

図表1-16　出願人別IPF件数の上位（優先権主張年2010-2021年）

ドキュメント

i 宇宙応用の可能性を拓いたJAXA社員

　宇宙でペロブスカイト太陽電池を利用する。その研究の扉を開いたのは、宇宙航空研究開発機構（JAXA）入社3年目の若手社員だった。2014年7月、JAXA宇宙科学研究所電子部品デバイス電源グループの宮澤優は、桐蔭横浜大学教授の宮坂力の研究室を訪ねた。ペロブスカイト太陽電池の宇宙応用に向けて放射線耐性を検証するため、共同研究をしたい意向を宮坂や同大講師の池上和志に説明した。「具体的でなければ忙しい大学の先生に話を聞いてもらえないだろう」―。そう考えて渡した提案資料には、詳細な計画を書き込んでいた。

　その1カ月前。宮澤から面会を求めるメールが届いた時、宮坂は半信半疑だった。ペロブスカイト太陽電池は劣化しやすく、当時はまだ地上で使えるかどうかさえ分からない状況だった。「JAXAが関心を持つなんて本当だろうか」。そう思っていたが、宮澤の提案資料にJAXAの本気を感じ、提案に乗ってみようと思った。

　宮澤は2013年度末に参加した環境技術に関するセミナーでペロブスカイト太陽電池を知った。入社1〜2年目は科学衛星「あらせ」や「ひさき」の電源系の開発などの業務をサポートしたが、3年目は自ら設定したテーマの研究を始めたかった。そのための情報収集だった。セミナーで講演したアナリストが、ペロブスカイト太陽電池を紹介した。「新しい太陽電池で変換効率が上昇しています。今後どうなるかは分かりませんが面白い技術ですよ」。

　「これは宇宙で使えるかもしれない」―。宮澤はそう直感した。

宇宙用で主流の太陽電池は化合物3接合型で、変換効率は30％程度に上るが、非常に高価だ。一方、ペロブスカイト太陽電池は安価に作製できる可能性があるという。薄く軽い特性を持たせられるとも聞き、であれば宇宙機への搭載方法の自由度が高く、ミッションによっては需要があると考えた。変換効率についても当時は15％程度にとどまっていたものの、上昇してきていることから潜在力に期待ができた。そこでJAXAが取り組むべき研究テーマを設定した。
「宇宙における太陽電池の最大の劣化要因は放射線。地上では考慮しない耐性のためJAXAが独自で検証するしかありません。それを評価したいと考えました」

　さらに関連の文献を調べると、面白いことが分かった。ペロブスカイト太陽電池は光を吸収する力を示す光吸収係数が高い。それは放射線耐性に関係しているようだった。過去の研究で、化合物系太陽電池の1つである「CIGS太陽電池」などシリコン太陽電池に比べて薄く光吸収係数が高い太陽電池は、放射線耐性が高い報告があった。
「ペロブスカイト太陽電池も放射線耐性が高いかもしれないと考えました。宮坂先生たちにそこを評価したいと話して、サンプルの提供をお願いしました」

　一方、当時の宮坂や池上の本音は「宇宙での利用なんてピンとこない」だった。前出の通り、ペロブスカイト太陽電池は地上での利用さえ見通しが立っていなかったからだ。それでも宮澤は熱意を伝えた。

「ペロブスカイト太陽電池でなくては駄目なんです」
「ペロブスカイト太陽電池は『水』にも『酸素』にも弱いですよ」
「宇宙には『水』も『酸素』もありません」

　そうして共同研究の承認を得た2〜3カ月後、宮坂らからペロブスカイト太陽電池のサンプルが100枚ほど届き、宮澤は実験を始めた。サンプルに放射線を照射し、照射前後における性能を比較して劣化を評価した。

結果は期待通りだった。化合物3接合型太陽電池やシリコン太陽電池に比べて、高い放射線耐性を持つことが分かった。例えば、化合物3接合型の最大発電電力量を38％低下させる強さの電子線を照射しても、ペロブスカイト太陽電池の最大発電電力量は低下しなかった。

「（過去の研究からペロブスカイト太陽電池について放射線耐性が高い可能性を考えつつも）有機系の太陽電池は熱などに弱いため、放射線にも強くないかもしれないという不安がありました。驚きでしたし、よかったと思いました」

　この研究結果は、米国電気電子学会（IEEE）が主催する太陽電池の国際学会「PVSC」で2015年6月に発表した。世界に先駆けてペロブスカイト太陽電池の宇宙機適用の可能性を報告する成果となった。その日、宮澤の胸の内は国際学会で成果を示せる喜びとともに、どのような反応が来るか分からない不安があった。しかしその発表以降、ペロブスカイト太陽電池の宇宙応用を目指した研究が続々と報告されるようになる。

「研究を面白そうと思ってくれた人が多いのかなと思い、嬉しかったです」

　宮澤は、宮坂との共同研究による学術論文を2018年に出版した。それから現在に至るまでペロブスカイト太陽電池の宇宙応用に関わる基礎研究を続けている。

「（ペロブスカイト太陽電池の宇宙応用は）新しい分野で非常に面白いですし、どんどん性能が上がっているので将来性があると感じています。個人的にはなぜ放射線に対して強いのか。そのメカニズムを明らかにしたいです」

（敬称略・所属と役職は当時）

ドキュメント ii 京大発スタートアップ誕生秘話

「やらなければもったいない」—。京都大学発スタートアップであるエネコートテクノロジーズの起業を加藤尚哉が決断した理由は、突き詰めればそういうことだ。証券会社や投資銀行などを経て高松の不動産会社に所属していた2015年秋、京大生時代の親友で同大准教授としてペロブスカイト太陽電池を研究していた若宮淳志に京大の起業支援プログラム「インキュベーションプログラム」への参加を誘われ、応じた。ペロブスカイト太陽電池の存在は知らなかったが、若宮の説明を聞き、将来性を感じ取った。母校で准教授になっていた、尊敬する親友の要請に応えたい思いも重なった。

「ペロブスカイト太陽電池の有望性に気づく人はいるはずです。たとえ自分が引き受けなくても他の人が引き受けるだろうと思いました。そしてその誰かが成功して上場させて…。最初に声をかけてもらった。これはチャンスだと」

一方、加藤は「仮に『ペロブスカイト太陽電池という有望な技術があるから起業しないか』という誘いだったら起業しなかった」とも振り返る。「創業者は普通、起業時にお金を出さなければいけません。いきなりそれはできないので」。

そして続ける。

「京大が（インキュベーションプログラムという）すごいスキームを整えたことが大きかった。（起業に向けて）3年間で最大9000万円の資金支援を受けられる。起業前の準備金としては破格。それにそのスキームにはスタートアップを作りたい母校・京大の思いが詰まっていました。大学の取り組みに関わる仕事は名誉です。（インキュベー

ションプログラムへの参加は）それができる機会でした」

　京大インキュベーションプログラムの発足は「官民イノベーションプログラム」に端を発する。政府が2012年度補正予算に盛り込んだ、研究成果の事業化を国立大学自らが推進するよう促す事業だ。京大と東京大学、東北大学、大阪大学の4大学向けに出資金と運営費交付金を合わせて1200億円が計上され、京大には350億円が配分された。これを受け、京大はベンチャー・キャピタル（VC）を創設し、主に京大発スタートアップに出資するファンドを組成した。これらと同時に立ち上げた制度が、研究者と起業家のチームを対象に3年間で最大9000万円を支援するインキュベーションプログラムだった。

　若宮は2013年頃にペロブスカイト太陽電池の研究を始め、研究成果を続々と上げていた。そして、京大インキュベーションプログラムが立ち上がった当時、スタートアップを立ち上げる動機があった。危機感だ。
「有機ELや有機薄膜太陽電池の研究で、よい技術を持っていても短期的な視点でしか投資できず、研究を止めてしまう企業の姿を見てきたのでまずいなと。ペロブスカイト太陽電池は国内で実用化する企業がいなければと考えていました」
　とはいえ、起業には経営者になってくれる相方が必要になる。そこで、若宮の脳裏に「証券会社や外資系銀行に所属し、企業の買収や立て直しなどスケールの大きい仕事に従事していると聞いていた、本音で話せる親友」の顔が浮かんだ。それが京大生時代の同期、加藤だった。

　加藤と若宮はインキュベーションプログラムの第1回公募に応募して採択される。申請16件のうち採択2件という狭き門をくぐり抜けた。支援を受けつつ準備を進めて、エネコートを2018年1月に立ち上げた。
　創業後のエネコートにとって最大の難関は人材の確保だった。それを解決できた理由について加藤と若宮は声を揃える。リコーでペロブスカイト太陽電池の研究を始め、2021年1月にエネコートに活躍の場を移した堀内保の存在だ。

堀内は2017〜2018年頃、焦りを募らせていた。ペロブスカイト太陽電池は世界中で研究開発が行われ、変換効率はどんどん上がっていく。「スタートアップの意志決定の早さに身を置かなければ世界の研究に後れを取り、挽回できなくなるのではないか」─。その意識は日に日に高まり、面識のあった若宮にやがて問い合わせた。「エネコートは求人をしていますか」。
　その連絡について若宮は「私の技術を理解してもらえる最高技術責任者（CTO）候補の研究者を探していたので、とても嬉しかったです」と回想する。実際、堀内は入社1年後の2022年にCTOに就任した。

　加藤と若宮が立ち上げ、堀内の参画で体制が安定したエネコートは2023年にトヨタ自動車や東京都などと共同研究を始めるなど注目を集めている。すでに量産ラインを整える拠点の計画を進めており、2025年以降に稼働する見通しだ。
　加藤は目前に迫る製品供給へ気を引き締めると同時に、経営者としての目標を見据える。

「今、上場準備に入っています。最短で2026年の上場を目指しています。これが達成できると、リスクを取って出資してもらった投資家に報いることができます。ぜひ実現したいですね」

　若宮に誘われ、それを好機と感じて9年前に引き受けた自分こそが、事業を成功させて上場させる。その日がうっすらと見え始めている。

（敬称略・所属と役職は当時）

ペロブスカイト太陽電池の仕組みを知る

ペロブスカイト太陽電池は、太陽電池の主流として現在普及するシリコン太陽電池と構造が大きく異なる。ペロブスカイト太陽電池における発電の仕組みや構造の詳細、それに用いられる素材、製造方法を見ていく。

2-1　太陽電池の仕組みと種類

　太陽電池には多様な種類がある。基本的な仕組みはいずれも発電層に太陽光など光のエネルギーが入ると、電子と正孔（ホール）が発生して、それらが電極に移動することで電気を生み出す。例えば、シリコン太陽電池は性質の異なる2種類のシリコン半導体を貼り合わせ、その2つが接する界面に光エネルギーが入ると電子と正孔が発生する（**図表2-1**）。ペロブスカイト太陽電池はペロブスカイトが光エネルギーを吸収して電子と正孔を発生させる。

　太陽電池は発電層に用いる材料によって大きく「シリコン系」「化合物系」「有機系」の3つに分けられる（**図表2-2**）。ペロブスカイトは有機と無機が混合した材料を用いるが、「色素増感太陽電池」や「有機薄膜太陽電池」とともに有機系に位置づけられる。有機系は発電層を溶液塗布で成膜したり、発電層の材料合成によって光吸収の特性を変えたりできる特徴がある。有機薄膜太陽電池は有機材料を積層した層が、色素増感太陽電池は色素を吸着させた金属酸化物のナノ粒子が、それぞれ電子と正孔を発生させる。色素増感太陽電池はペロブスカイト太陽電池の"親"にあたる。桐蔭横浜大学の宮坂力研究室で色素増感太陽電池の色素をペロブスカイト

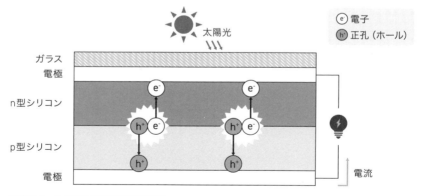

図表2-1　シリコン太陽電池の仕組み

第2章　ペロブスカイト太陽電池の仕組みを知る

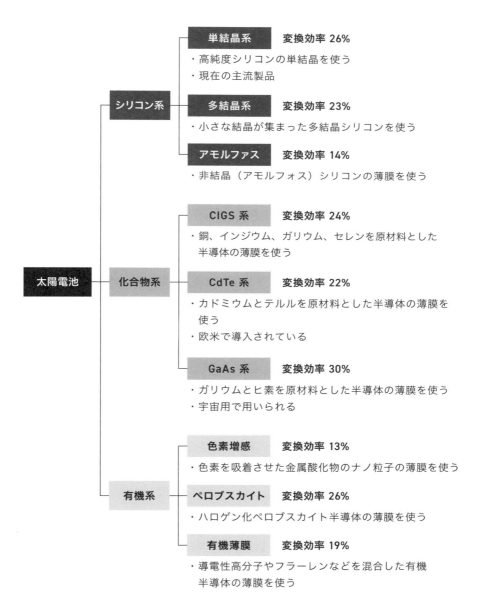

※：変換効率はNRELデータ（2023年12月時点）より

図表 2-2　太陽電池の種類

に置き換えた太陽電池を作り、発電性能を確認したことで研究が始まった。

2-2　ペロブスカイトが持つ独特の結晶構造

　ペロブスカイトは鉱物の一種である灰チタン石のことで、それが持つ独特の結晶構造を「ペロブスカイト構造」と呼ぶ。その名はロシアの鉱物学者であるレフ・ペロブスキーに由来する。ペロブスカイト構造を持つ物質は数多くあり、多様な物質を合成して人工的に作ることができる。灰チタン石の組成が「$CaTiO_3$」の化学式で表されるように、ペロブスカイト構造を持つ物質は「ABX_3」の組成を持つ。結晶構造の中心にあるBを取り囲むように6つのXが八面体を作る。さらにこの八面体を囲う立方体を8つのAが構成する（**図表2-3**）。

　ペロブスカイト太陽電池が登場する以前から、Xに酸素が位置する酸化物ペロブスカイトが産業に利用されてきた。例えば、「$BaTiO_3$（チタン酸バリウム）」は、極めて高い誘電性（絶縁体に電圧をかけると、その内部でプラスとマイナスに分かれる分極が起こり、電気を蓄積する性質）を持っており、セラミックコンデンサの材料としてパソコンなどの電子部品に使われている。一方、太陽電池に用いるペロブスカイトはXがヨウ素や臭素などのハロゲンであるハロゲン化物で、自然界には存在せず、人工的に合成する。Bには鉛やスズ、ビスマスなどの金属、Aにはメチルアンモニウムなどの有機物が配置される。

　ハロゲン化物からなるペロブスカイトの結晶はイオン性

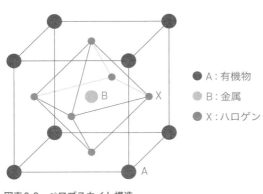

図表2-3　ペロブスカイト構造

が強い特徴がある。このため、溶媒に溶かして、それを塗って使える。一方、水（湿気）などを吸収しやすく、安定性上の欠点にもなる。

2-3　ペロブスカイト太陽電池の構造と材料

　ペロブスカイト太陽電池の構造を見ていこう。「透明電極」「電子輸送層」「ペロブスカイト層」「正孔輸送層」「裏面電極」の大きく5つの層で構成する（**図表2-4**）。

　それぞれの層の厚さは、ペロブスカイト層が0.5 μ～1 μm（マイクロは100万分の1）で、電子輸送層や正孔輸送層はそれぞれ0.5 μm以下と極薄だ。光エネルギーが透明電極側から入り、ペロブスカイト層がそれを吸収して電子と正孔を発生させる。電子輸送層が電子を、正孔輸送層は正孔をそれぞれ選択的に電極に運ぶことで電気を生み出す。透明電極側に電子輸送層が置かれる構造を順構造と呼び、正孔輸送層と電子輸送層の場所を置き換えた逆構造や、裏面電極に金属の代わりとしてカーボンを置き、このカーボンが正孔輸送層の役割を兼務する構造など、ペロブスカイト太陽電池と一口に言っても多様な構造がある。

　それぞれの層に使われる一般的な材料を紹介したい。透明電極は金属のように電

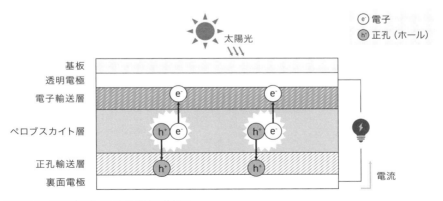

図表2-4　ペロブスカイト太陽電池の仕組み

気を流す性質（導電性）を持ち、可視光を透過する材料である「酸化インジウムスズ（ITO）」や「フッ素ドープ酸化スズ（FTO）」を用いる。これをフィルムかガラスの基板に被覆する。一般にフィルムは耐熱性が低いため、150℃未満で成膜できるITOを成膜する。一方、ガラス基板は、高温による成膜が必要だが、ITOよりほかの物質と反応しにくい（化学的安定性が高い）FTOを利用できる。

電子輸送層は「酸化スズ（SnO$_2$）」などの無機酸化物か、炭素化合物の「フラーレン」を使う。フラーレンは高品質な層を作りやすいが、コストが非常に高い。正孔輸送層は有機物の「スピロオメタッド（Spiro-OMeTAD）」など、ペロブスカイト層は「ヨウ化鉛（PbI$_2$）」や「ヨウ化メチルアンモニウム（MAI）」などの原料を合成した化合物、裏面電極は金、銀、銅などの金属だ（**図表2-5**）。

シリコン太陽電池の構造と比較すると、ペロブスカイト太陽電池は多様な素材を用いることが分かるだろう。シリコンはとても優れた半導体材料で、光を吸収して電子と正孔を発生させるだけでなく、それ自体が基板の役割を担うため、透明電極基板が構成に入らない。電子輸送層や正孔輸送層も不要だ。さらに、ペロブスカイ

産総研グループ資料などをもとに作成

部材	材料	具体例
透明電極	ITO、FTO	SnO$_2$-InO$_2$、SnO$_2$-F
電子輸送層	無機n型半導体	酸化スズ（SnO$_2$）、酸化チタン（TiO$_2$）
	有機半導体	フラーレン（C$_6$0）
ペロブスカイト層 （ABX$_3$）	A	メチルアンモニウム（MA）、ホルムアミジニウム（FA）、セシウム（Cs）
	B（金属）	鉛（Pb）、スズ（Sn）、ビスマス（Bi）など
	X（ハロゲン）	ヨウ素、臭素
	微量金属	ルビジウム、カリウムなどのドーパント
正孔輸送層	有機半導体	Spiro-OMeTAD、PTAAなどの高分子
	無機半導体	NiOx
裏面電極	金属	金、銀、銅

図表2-5　ペロブスカイト太陽電池の材料

ト太陽電池は前述の通り、耐久性に大きな課題があり、水分や酸素の侵入を防ぐ封止材に非常に高い性能が求められる。フィルム型の場合は、基板のフィルムが水分を通してしまうため、封止材とともに発電層を水の浸入から保護するガスバリアフィルムも重要だ。それぞれの素材はペロブスカイト太陽電池の性能に影響する。

2-4　極薄の層を成膜する製造工程

　次は製造工程だ。順構造で説明しよう。一般的な流れはこうだ（**図表2-6**）。まずは、フィルムかガラスの基板上に真空成膜技術である「スパッタリング法」で透明電極を被覆する。その上に電子輸送層、ペロブスカイト層、正孔輸送層をそれぞれ「溶液塗布法」などによって成膜していく。それから真空環境で裏面電極を形成する。各層は適切なタイミングでパターニングする。一般にレーザー加工により、3〜5 mm程度の間隔で集電用の金属（銀など）を入れ、電子と正孔が動く距離を

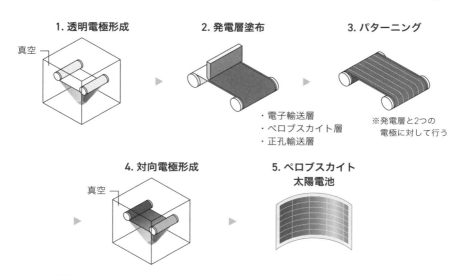

図表2-6　製造プロセスのイメージ

短くして電気を取り出しやすくする。そうしてできた発電素子全体を封止材やバリアフィルムを用いて封止する。

ペロブスカイト太陽電池の事業化に向けた課題として、大面積で作製した際に高い変換効率を出す難しさをあげた。1 μmに満たない極薄の層を均等な厚みだけでなく、均質な物性を持つように成膜する、その難しさは想像できるだろう。この課題を解決する量産工程を確立することが、完成品の競争力を大きく左右する。

成膜法は、大きく2つに分けられる。原料の溶液を塗って乾かす方法（ウェットプロセス）と、真空下で原料を加熱し蒸発させて基板の上に付着させる蒸着法（ドライプロセス）だ。研究現場では一般に、ウェットプロセスの1つである「スピンコート」と呼ばれる方法を用いて、電子輸送層やペロブスカイト層、正孔輸送層を成膜する（**図表2-7**）。透明電極にそれぞれ溶液を塗布し、基板を回転させて溶媒を飛ばして各層を成膜する。ペロブスカイト層の成膜では、基板が回転している間に「貧溶媒」と呼ばれる原料が溶けにくいクロロベンゼンなどの溶媒を滴下して結晶化を促進させる。それにより、良質な多結晶からなる層を形成できる。ただ、この方法は生産効率が低く、大面積を成膜する量産プロセスには向かない。そこで、後述するように各メーカーは製造プロセスの確立に向けてそれぞれ多様な成膜方法を研究開発している。

さて、前情報はこの辺りにしておこう。第3章ではペロブスカイト太陽電池の性能を左右する素材を巡る企業や業界の動き、また、それを扱い高品質な発電素子を作製しようと挑む、完成品メーカーの動きを見ていく。

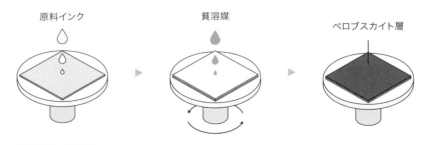

図表2-7　スピンコート

ペロブスカイト太陽電池の素材技術を追う

ペロブスカイト太陽電池は、構成する素材の製造とそれを扱う技術が性能を大きく左右する。日本の素材・化学メーカーは高い技術やノウハウを持つ。ペロブスカイト太陽電池を新たな事業機会と捉える彼らの動向を見ていく。

3-1　国産原料「ヨウ素」の生かし方

千葉に一大産地

「主要原料の安定供給が見込める」―。ペロブスカイト太陽電池に関わる素材について日本の優位性を語る時、ペロブスカイト層に用いるヨウ素は筆頭にあがる（**図表3-1**）。日本の生産量は年1万トン程度。チリに次ぐ世界2位で、シェアは28％に上るからだ（**図表3-2**）。メーカー別では、伊勢化学工業が世界シェア15％、合同資源は同7％、K＆Oヨウ素が同5％を持つ（それぞれ自社調べ）。さらに埋蔵量は推計500万トンで世界トップ。そうした豊富な資源や、それらを扱う国内メーカーの存在は強みだ。一方、ヨウ素業界はその強みを生かすための体制整備の重要性を指摘する。

ヨウ素は地下500〜2000 mの地層からくみ上げたかん水（太古の海水でヨウ素を豊富に含む）を原料に生産する。一般に、固体から液体を経ないで直接気体になる昇華しやすい特性を生かしたブローアウト法という方法で、かん水に含まれるヨウ素を分離・析出する。特に、千葉県は国内最大級の天然ガス鉱床で、世界有数のヨウ素鉱床でもある「南関東ガス田」が広がる一大産地。国内の80％を生産しており、メーカーの本社や工場が集積する。一方、生産シェア世界トップのチリでは、ヨウ素はかん水ではなく鉱床の硝石から取り出す。海洋の水を引き入れて洗い出すために、日本よりコストがかかるという。

図表3-1　ヨウ素

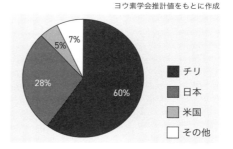

図表3-2　世界のヨウ素生産量シェア

ヨウ素はいろいろな特性を持ち、多様な製品で活躍している。液晶カラーフィルターの「偏光板」を作る原料として使われているほか、医療分野ではX線を通さない性質を利用した「X線造影剤」、殺菌性を生かした「消毒剤」、反応性の高さを利用する「医薬品」などに用いられている。また、ヨウ素原子は電子を53個も持つ大きな元素で、電子の結合が不安定なため、受け渡しがしやすい。ペロブスカイト太陽電池ではその特性が高い性能の実現に貢献する。

利用の注意点

　国産ヨウ素を利用する上では注意点もある。世界トップの埋蔵量を持つものの、増産は容易ではない。くみ上げるかん水の量を急激に増やすと、地盤沈下のリスクが増すからだ。このため、メーカー各社はリサイクル体制を整えている。生産量に占めるリサイクル率は年々高まっており、現在は数十％という。

　ペロブスカイト太陽電池の発電層には、環境に有害な鉛とヨウ素の化合物（ヨウ化鉛）を用いる。実用化時には鉛を適切に管理し、後に回収できる技術やスキームが不可欠になるが、ヨウ素循環の観点でもリサイクルの体制は求められる。

　ペロブスカイト太陽電池の主要原料としての脚光は、ヨウ素業界にとっても追い風だ。背景には業界の課題意識がある。ヨウ素は8割程度を原料のまま輸出し、欧米からはヨウ素を利用した高付加価値な医薬品などを輸入している。ヨウ素メーカー各社はそうした状況を改善し、高付加価値なヨウ素製品を直接供給したい考えを持つ。ペロブスカイト太陽電池用のヨウ化鉛の供給はその手段になる。

　産官学が連携してヨウ素の高度利用を目指す、ヨウ素学会の海宝龍夫副会長は「メーカーはヨウ素の特性を生かした高付加価値化を常に考えている。ペロブスカイト太陽電池はその市場になり得るため、（ヨウ化鉛の安定供給に向けて）各社がそれぞれ研究に取り組んでいる。今後はメーカー同士の連携も必要だろう」と説明する。その上で「ペロブスカイト太陽電池の競争力を高める上で原料のサプライチェーン構築は重要。特にヨウ化鉛は毒性を持つため、大量製造する体制を整える際には配慮すべき部分が出てくる。そうした技術の確立や、設備投資に対して政府

の支援があれば」と訴える。

　また、「ヨウ化鉛の高純度化により、ペロブスカイト太陽電池の性能向上に貢献できる余地がある。完成品メーカーなどからフィードバックを得ながら具体的な高純度化の方法を研究したい」と、完成品メーカーとの連携体制の構築も期待する。資源豊富というヨウ素の強みをより生かす上で、リサイクル技術の確立や安定供給の体制整備などの推進はカギになる。

3-2　耐久性を左右する「封止技術」

世界シェア首位製品の技術応用

　繰り返しになるが、ペロブスカイト太陽電池の実用化に向けて耐久性は重要な課題になっており、完成品メーカー各社はその向上を競い合っている。裏を返せば、高い耐久性の実現はそのまま製品の競争力になる。耐久性を高める上で、水分や酸素から発電層を保護する封止材は重要な役割を担う。フィルム型の場合は、封止材とともに、発電層を水分などから保護するガスバリアフィルム（以下、バリアフィルム）にも高い性能が求められる。積水化学工業は10年相当の耐久性を実現したと2021年に公表したが、その実現の背景には、封止材などに関わる自社の技術がある。

　同社は液晶ディスプレイにおいて2つの基板を接着し、液晶材料を封入する液晶シール材と自動車向け合わせガラス用中間膜の製品で、それぞれ世界トップのシェアを持つ。ペロブスカイト太陽電池用の封止材にはそれらの技術を応用した。封止材は外部からの水分などの侵入を防ぐと同時に、封入する材料を劣化させない組成が必要になる。同社は、液晶シール材の開発で培った高い封止性能を維持しつつ、ペロブスカイト太陽電池の発電層に影響しないように材料を最適化した。

　バリアフィルムも自社で開発している。新エネルギー・産業技術総合開発機構（NEDO）の事業「太陽光発電システム次世代高性能技術の開発」で2010〜2015年に薄膜シリコン太陽電池用の保護フィルムを開発しており、その要素技術を生か

した。当時開発した保護フィルムは事業化に至らなかったが、その後、耐久性に課題のあるペロブスカイト太陽電池が登場し、それ向けに応用することで、培った技術を事業に生かす日が近づいている。

　積水化学は、2025年までに耐久性を20年相当まで高める目標を掲げている。同社PVプロジェクトの森田健晴ヘッドは「封止技術は一定程度できている。あとは（製品のサイズに）合わせ込む。封止はペロブスカイト太陽電池の面積が大きくても小さくても（難易度は）あまり変わらないので、達成できるだろう」と見通す。

「封止材」でトップ狙う

　封止材メーカーのMORESCO（モレスコ）は、自社が誇る技術で封止材需要を狙う。桐蔭横浜大学の宮坂力特任教授が、国産ペロブスカイト太陽電池の実用化を目指して2023年10月に立ち上げたコンソーシアム（以下、宮坂コンソ）に参画しており、ほかの参画企業と連携しながら研究開発をしている。

　モレスコは有機溶剤を含まない「ホットメルト接着剤」が主力事業。大人用紙おむつをはじめとする衛生材製品や自動車の内装の組み立て用に展開している。その製品で培った高分子の変性技術や配合技術などをもとに、ガラス基板の有機ELディスプレイ用封止材を開発し、台湾や中国のメーカーに供給している。有機ELはペロブスカイト太陽電池と同じく、水分を忌避するため、封止材には非常に高い保護性能が求められる。モレスコの封止材はその性能が評価され、ガラス基板の有機EL用で世界シェアの過半を占めるという。

　封止材単体としての性能だけでなく、利用した際に製品全体で効果を発揮するよう設計する技術力も自負する。有機材料を発電層に用いた有機薄膜太陽電池にも封止材の開発をきっかけに参入しており、2018年からは製造・販売を手がけている。こうした技術・ノウハウを生かして開発を進める。これまでに開発した封止材で、ペロブスカイト太陽電池の発電層を劣化させない性能を確認したという。

　課題もある。フィルム基板の曲がるペロブスカイト太陽電池に適用する場合、折り曲げを繰り返しても耐久性が損なわれない追従性が要求される。ガラス基板の有

機EL用封止材では求められない要素だ。屋外利用を前提にすると、耐熱性の向上も必要になるという。宮坂コンソはバリアフィルムを製造する麗光が参画しており、同社のフィルムと連携しつつ課題の解決を図る。

モレスコは2026年度までの中期経営計画において、ペロブスカイト太陽電池用封止材の開発を重点施策に掲げており、2026年度以降の製品供給を目指す。同社デバイス材料事業部の細岡也寸志部長は、「封止材メーカーとしてトップシェアを目指したい。国内で実績を積み上げ、海外にも展開していく」と意気込む。

「バリアフィルム」はコスト両立が必須

これまでに触れた通り、フィルムを基板に用いたペロブスカイト太陽電池はその基板が水分などを通してしまうため、封止材とともに発電層を保護するバリアフィルムが欠かせない。バリアフィルムは数十μm（マイクロは100万分の1）の厚さのプラスチックフィルムだが、とても高価だ。運搬・設置費用を含めたペロブスカイト太陽電池モジュールのコストのうち、3割以上を占めるとされる。性能とコストはトレードオフの部分があり、実用性の観点では高い保護性能と低コストを両立するバランスが要求される。

モレスコと同じく、宮坂コンソに参画する麗光はフィルムに薄膜を加工するための真空蒸着やコーティングで高い技術力を持つ。その技術を生かし、高い保護性能を持つ太陽電池用バリアフィルムを開発した（**図表3-3**）。ペロブスカイト太陽電池用に求められる保護性能として、水蒸気透過率は1日当たり0.001 g/m^{2}以下が目安とされるが、それを大きく上回る1日当たり0.00001 g/m^{2}を実現した。

同社は有機ELが登場し、ディスプレイのフレキシブル化が注目された2000年代に電子デバイス向けバリアフィルムの研究開発を始めた。ガス状の気体原料を送り込み、熱やプラズマ、光などのエネルギーを与えて化学反応を促し薄膜を基板表面に堆積させるCVD法（化学気相成長法）により、曲げに強いバリアフィルムを実現して2015年に事業化した。2024年4月現在は電子ペーパータグ用途を中心に、台湾や中国のメーカーに展開しており、同用途で世界シェア30％程度を占めるという。

太陽電池用はこのバリアフィルムを改良し、屋外でも高い保護性能を発揮するように開発した。一般にバリアフィルムは温度40℃、湿度90%の環境下における水蒸気透過率で耐久性を評価するが、麗光の太陽電池用バリアフィルムは温度85℃、湿度85%の厳しい環境下で優れた水蒸気透過率を確認した。同社の幾原志郎取締役は「ペロブスカイト太陽電池を保護する上で十分な性能を実現している」と胸を張る。

一方、課題はやはり「いかにコストを下げていくか」。一定の保護性能を持ちつつ、価格をおさえられる製品設計を模索している。

図表3-3　麗光のバリアフィルム

東レは、水蒸気透過率について1日当たり0.001 g/m^{2}のバリア性能を確保しつつ、生産速度を速めて大幅に低コスト化したバリアフィルムを開発した、と2022年に発表した。膜の設計や形成に関わる技術を追求して実現した。ペロブスカイト太陽電池も展開先として想定しており、実用化に向けて研究開発を続けているという。

このほか、リンテックも独自の表面改質技術などを生かしたバリアフィルムを開発しており、ペロブスカイト太陽電池への展開を目指す。

「貼合加工」で市場狙う

ペロブスカイト太陽電池における耐久性の向上には、封止材やバリアフィルムの性能はもちろん、封止材を介してバリアフィルムやガラスをバックシートなどに精密に貼り合わせる技術も重要になる。フジプレアムはこの貼合技術を強みにペロブスカイト太陽電池の市場を狙う。基板に発電層を成膜した後の封止といった加工の受託や、関連装置の供給を目指す。

同社は1990年代から貼合加工を手がける。携帯電話端末のディスプレイに偏光板を貼り合わせる事業から始めた。当初は市販の装置で加工していたが、大型の加

フジプレアム提供

図表3-4　フジプレアムが参加した京大COIによるフィルム型ペロブスカイト太陽電池

工需要に対応できるように1997年に自社装置を開発した。阪神・淡路大震災を契機に需要が増えた、建材ガラスに飛散防止フィルムを貼り合わせる加工などを担ってきた。

その後、気泡が入らないように、±10μmレベルで位置を調整しながら2枚のガラスを貼り合わせたり、3次元の曲面にフィルムを貼ったりできる技術やノウハウを自社の装置に蓄積してきた。現在は車載のディスプレイ製品の加工を中心に受託しているほか、シリコン太陽電池のモジュール製造も手がける。

ペロブスカイト太陽電池をめぐっては、文部科学省の支援のもとで産学連携によりイノベーションを目指す京都大学のCOI（センター・オブ・イノベーションプログラム／活動期間：2013〜2021年度）に参加し、エネコートテクノロジーズなどと共同でフィルム型を試作した（**図表3-4**）。現在は国内外の完成品メーカーや材料メーカー、研究機関と情報共有しながら、事業化を模索している。

フジプレアム事業創出本部の池田智宏先端技術開発室長は「貼合の技術とともに（COIの試作を通して）封止材料に関するノウハウも得られた。（それらを武器に）封止や配線の受託加工のほか、製造装置や製造ラインの供給などの事業化を目指す」と意気込む。

3-3　特性を決める「基板」

ペロブスカイト太陽電池の出力などの特性は、基板に用いる素材にも依存する。

フィルムを用いると、軽く曲げられる太陽電池が実現できる。一方、第1章で紹介したアイシンやリコーが取り組むようにガラスでも薄さを追求した製品を使うことで、軽かったり曲げられたりする太陽電池が実現できる。

基板は発電材料を成膜して透明電極とするが、その品質は全体の性能に大きく影響する。透明電極は光の透過率が高く、シート抵抗値は低いほどよい。透過率はペロブスカイトの層が吸収できる光の量に影響し、シート抵抗値は電気の流れやすさを左右する。つまり太陽電池の変換効率に関わる。一般に透過率は80％以上、シート抵抗値は20 Ω/square（オームパースクエア）以下が要求される。

第2章でも触れたが、一般にフィルム基板はPETフィルムに酸化インジウムスズ（ITO）を成膜してITOフィルムとする。ITOは希少金属で高価なインジウムを含むため、その使用量を減らす低コスト化の取り組みも求められる。一方、ガラス基板はフッ素ドープ酸化スズ（FTO）を成膜してFTOガラスとして利用する。

世界の研究機関で使われた「ITOフィルム」

前出の麗光は真空中でアルゴンガスなどを用いて成膜する「スパッタリング技術」により、シート抵抗値15 Ω/squareで光透過率87％のITOフィルムを2023年に開発した。

同社は従来品においては、ITOの結晶ではなく微結晶をわずかに含むアモルファス膜（以下、微結晶）を成膜していた。結晶膜は固く割れやすいため、曲げに弱いからだ。しかし、結晶であれば低いシート抵抗値を実現する場合、微結晶より膜厚は薄くて済む。その分、光透過率を高められる。新開発のITOフィルムは成膜工法の改良により、曲げ耐性の高い結晶の成膜に成功した。光透過率は従来の微結晶タイプの82％から5ポイント向上した。同社の幾原取締役は「曲げに強く、シート抵抗値15 Ω/square、透過率87％の性能を持つITOフィルムはほかにないのでは」と自信をのぞかせる。

課題はバリアフィルムと同様にコストだ。前出の通り結晶は微結晶に比べて膜厚が薄くて済む。そのため、希少金属であるインジウムの使用量は減る。ただ、結晶

の成膜には難しい処理が必要なため、製造プロセスのコストが上がってしまうという。このプロセスを最適にして、低コスト化していく。

　なお、従来の微結晶を使ったITOフィルムは、桐蔭横浜大の宮坂特任教授が2004年に起業したペクセル・テクノロジーズを通して、2006年頃から世界の研究機関に販売している。ペクセルによると、フィルム型ペロブスカイト太陽電池で20.0％を超える高い変換効率を実現している世界の研究機関の多くで、麗光製のITOフィルムが使われているという。

耐熱性高い「透明ポリイミドフィルム」

　フィルム基板は一般にPETフィルムが用いられる。その代替材料として、耐熱性が高い「ポリイミドフィルム」が注目されている。PETフィルムより高価だが、PETフィルムは耐えられない200℃以上の高温の成膜処理に対応できるため、ITOの結晶化を促進でき、より光透過率の高い薄膜で低抵抗を実現できる可能性がある。フィルム基板の耐熱性は完成品における耐久性にも貢献する。

　ポリイミド樹脂を手がけるアイ．エス．テイ（I.S.T）は本来、茶褐色のポリイミドの性能はそのままに透明性を高めた、つまり、太陽電池に用いる場合は光透過率が高い透明ポリイミドフィルムを開発した（**図表3-5**）。耐熱性は300℃以上で、1ｍ以上の幅のロール製品を月10万m^2生産できる体制を持つ。

　同社は、ポリイミド樹脂の材料開発から製造ラインの構築までを一貫して手がける。透明ポリイミドフィルムは2002年に研究を始め、10年をかけて50cm幅の製品を開発した。さらに研究開発を続け、2018年に1ｍ幅の製造ラインを確立した。透明ポリイミドフィルムは海外メーカーも複数手がけるが、I.S.Tの製品は他社品に比べて耐熱性がより高いほか、寸法安定性などがよいという。同社の森内幸司執行役員は「ロール製品の安定的な製造は技術の難易度が高い。（一貫体制により）製造ライン側の細かなフィードバックをもとに材料を設計できる強みを生かして実現した」と力を込める。

　透明ポリイミドフィルムはすでにXRヘッドセットのディスプレイ部分に採用さ

れており、今後はLEDフィルムディスプレイの基板向けなどに展開する予定。ペロブスカイト太陽電池での活用に向けては、2024年3月に桐蔭横浜大の宮坂特任教授らと共同研究を始めた。最適な透明電極の成膜方法などを研究している。

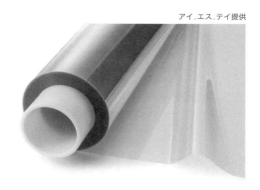

図表3-5　I.S.Tの耐熱性が高い透明ポリイミドフィルム

ポリイミドフィルムをめぐっては、NEDOのグリーンイノベーション（GI）基金の支援を受けて、ペロブスカイト太陽電池の事業化を目指すカネカも自社製品を持つ。カネカはそれを基板に用いたフィルム型ペロブスカイト太陽電池の研究開発を進めている。

太陽電池用「FTOガラス」で実績

日本板硝子は太陽電池基板用FTOガラスの供給で大きな実績を持つ。ガラス生産の工程で金属酸化物を成膜する「オンラインコーティング技術」で高効率に大量生産できる強みなどを生かし、太陽電池の世界シェアで上位につける米ファーストソーラーに大量供給している。日本板硝子グループのオンラインコーティング機能を持つガラス生産ライン9件のうち、2024年5月時点で5件がファーストソーラー向けの設備という。FTOガラスの新たな供給先としてペロブスカイト太陽電池市場への期待も大きい。すでに複数のメーカーにサンプル品を供給しており、市場開拓を狙う。

オンラインコーティングは、ガラスを成形する設備（フロートバス）の中に成膜装置を設置する。具体的にはガス状の気体原料を送り込み、熱エネルギーで化学反応を促すCVD法で成膜する。フロートバスの中は600〜900℃程度で、この高温

をそのまま生かして成膜するため、室温のガラス製品に成膜する場合に比べてエネルギーを効率よく使える。製品サイズに切断する前の連続したガラスに成膜するため、大量生産にも向く。

太陽電池用FTOガラスはファーストソーラーのほか、複数メーカーに長く供給しており、FTOの成膜に関わる技術やノウハウを蓄積してきた。日本板硝子建築ガラス事業部門日本統括部硝子企画部の染矢潔グループリーダーが強調する。「一言でFTO（の成膜）と言っても作り方や成分で特性に差が出てくる。太陽電池メーカー向けで一律ではなく、各社の製品ごとに最適化する。（顧客には）それを実現できる技術やノウハウ、経験が評価されている。この技術や経験はペロブスカイト太陽電池向けでも当然、生かせる」

R2Rに適用できる「超薄板ガラス」

ガラスは薄さを追求することで、軽かったり曲げたりできる太陽電池が実現できると書いた。日本電気硝子は、厚さ200μm以下の超薄板ガラスの製品を展開する。生産効率がよいとされるロール・ツー・ロール（R2R）の製造プロセスにも適用できる利点を訴求し、ペロブスカイト太陽電池の事業化を目指すメーカーなどに提案している（**図表3-6**）。

超薄板ガラスは「オーバーフロー法」という方法で製造する。蓋がなく断面がV字型で横長の成形設備に1500℃に溶けたガラスを流し込み、ガラスを上端の両側から均一にあふれさせる。それから外面に沿って流れて下部で融合し、それを機械的に引っ張りながら冷やして薄いガラスを形成する。完成したガラスの表面は空気以外に触れないため、平滑に製造できる。

超薄板ガラスは、この成形設備に流し込むガラスの量や、設備の下部でガラスを引っ張る速度などを最適化して実現する。同社は2013年12月に幅0.5ｍかつ長さ100ｍのロール巻きガラスで当時世界最薄の35μmを実現した。2024年5月現在はそれぞれ最高で幅は1.4ｍ、ロール巻き長さは1000ｍ、薄さは25μmを実現しており、これほど薄いガラスを製造できる企業は世界でも限られるという。ペロブス

カイト太陽電池のほかに、折り畳みスマートフォンなどでの利用を見込む。

超薄板ガラスをペロブスカイト太陽電池の基板に使うと、R2Rに適用できるほか、ガラス本来の耐久性が生かせる。フィルムに比べて、水蒸気や酸素といった気体の通しにくさを示すガスバリア性や、耐熱性などが高いからだ。

図表3-6　日本電気硝子は超薄板ガラスの製品を展開する

一方、R2Rに適用する場合、プロセスの確立はフィルムに比べて難易度が高い。フレキシブルとはいえガラスのため、小さい曲率半径で曲げたり、急激にねじったりすると割れる。また、R2Rは基板に発電層を成膜した後にシートの形に切り出すが、その切断加工でも技術は必要になる。同社ディスプレイ事業部TFT加工部の森弘樹部長代理は「(我々のガラスを扱うノウハウを生かして完成品メーカーと)製造プロセスなどを共同で開発していきたい」と意気込む。

3-4 「電極」製造プロセスを安価に

塗布できる「銀ナノワイヤ」

フィルム基板の透明電極材料として一般的なITOは、希少金属のインジウムを含むため高価だ。この代替材料として比較的安価かつ、溶液塗布の工程で基板に成膜できる、高い導電性や透明性を持つ「銀ナノワイヤ」が期待される。銀ナノワイヤは、太さがナノスケールのワイヤ状の銀だ。星光PMCは2014年に銀ナノワイヤの量産設備を稼働し、関連の技術やノウハウを蓄積している（**図表3-7**）。

3-4 「電極」製造プロセスを安価に

　ITOは第2章で触れた通り、溶液の塗布ではなく真空環境で成膜する。一方で、電子輸送層やペロブスカイト層、正孔輸送層はそれぞれ溶液を塗布して成膜できる。銀ナノワイヤを用いると、透明電極を含めて塗布で成膜できるようになるため、製造プロセスが簡素化され、低コスト化できる。「極端に言えば、ほかの層を塗布する装置で銀ナノワイヤも塗布することで、電極を作る装置が不要になる」（星光PMC技術本部新規開発グループの植田恭弘氏）。

　透明電極だけでなく、裏面電極の銀や銅などの代替素材としての利用も想定される。太陽電池の発電層は透明電極側から入った光と、発電層を透過して裏面電極から反射した光を吸収して電気に変える。銀ナノワイヤは透明性が高いため、裏面電極からの反射光はなくなり、変換効率は下がるものの、シースルーで透明なガラス窓のような意匠を備えた太陽電池として提案できる。また、シリコン太陽電池の上にペロブスカイト太陽電池を積層するタンデム型の場合、シリコン太陽電池に光を吸収させるためにはペロブスカイト太陽電池を透明にして光を透過させる必要がある。銀ナノワイヤはその際の裏面電極としても利用できる。

　課題は耐久性だ。銀はペロブスカイト層の主要原料であるヨウ素などのハロゲンを含むハロゲン化物と反応しやすく、それによって劣化してしまう。同社は、ペロブスカイト太陽電池の事業化を目指すメーカーに銀ナノワイヤのサンプル品を提供しており、評価を受けながら劣化しにくい材料組成やコーティング方法を模索している。

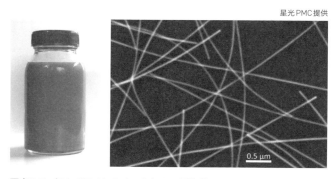

図表3-7　銀ナノワイヤのインクとSEM画像㊧

66

日本発技術「CNT」

「カーボンナノチューブ（CNT）」は、名城大学の飯島澄男終身教授が1991年に発見した日本発の先端素材だ。炭素原子だけでできた直径がnm（ナノは10億分の1）サイズの円筒状の素材で、軽くて丈夫、電気や熱の伝導性に優れる。筒が1層のものは単層 CNT、直径の異なる複数の筒が層状に重なったものを多層CNTと呼ぶ。日本ゼオンは単層CNTをシートにした材料について、ペロブスカイト太陽電池の裏面電極と正孔輸送材を兼ねる材料として提案する（**図表3-8**）。

裏面電極は一般に、銀や銅などが使われ、真空環境で形成する。一方、CNTシートは貼り付けられるほか、正孔輸送層の役割も兼務するため、製造プロセスを簡素化できる。また、銀ナノワイヤでも触れたが、金属はハロゲン化物と反応しやすく、電極が劣化してしまう。CNTのようなカーボン素材はそうした劣化をせず、太陽電池の耐久性向上につながる。

同社はCNTシートを用いたペロブスカイト太陽電池を自社で開発し、これまでに変換効率12％程度を実現した。一部の完成品メーカーと採用の可能性を協議している。今後、CNTシートやペロブスカイト層の組成の最適化を進め、変換効率を15％程度まで高めることで、完成品メーカーに対する提案力を強めたい考えだ。

日本ゼオンは2006年から産業技術総合研究所とCNTの量産技術を共同開発し、単層CNTの量産工場を2015年に世界で初めて稼働した。以来、粉体を中心に提供してきたが、応用先を広げるために多様な形状での提供を模索しており、シートはその1つだ。ペロブスカイト太陽電池に用いる場合、CNTシート

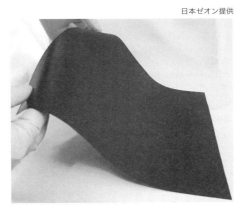

日本ゼオン提供

図表3-8　日本ゼオンの単層CNTシートは貼り付けられる

を溶媒に浸し、温度や湿度などの環境を制御して貼り付ける。ペロブスカイト層を劣化させない溶媒や、貼り付ける技術はすでに確立しているという。日本ゼオンの内田秀樹CNT研究所長は「シート材料に（その利用に必要な関連技術などの）付加価値をつけて提案したい」と力を込める。

3-5　電子・正孔を運ぶ「電子・正孔輸送材」

「電子輸送材」にナノ技術生かす

　第2章で触れた通り、ペロブスカイト太陽電池は太陽光などの光エネルギーが透明電極側から入り、ペロブスカイト層がそれを吸収して電子と正孔を発生させる。電子輸送層が電子を、正孔輸送層は正孔をそれぞれ選択的に電極に運ぶことで電気を生み出す。電子輸送層のための電子輸送材と、正孔輸送層のための正孔輸送材の性能は、太陽電池の変換効率や耐久性などに影響する。

　三菱マテリアルは電子輸送材の研究開発に注力する。酸化チタンなどの酸化物で粒径100 nm以下の機能性無機ナノ粒子製品を扱っており、そこで培った技術を応用する。NEDOのGI基金に採択された、ペロブスカイト太陽電池の事業化を目指すエネコートテクノロジーズから委託を受けており、変換効率の向上に貢献する電子輸送材について2025年度までの開発を目指す。

　三菱マテリアルは、機能性無機ナノ粒子製品を遮熱材や導電材などの用途で展開している。特に遮熱材用途は業界に先駆けて2000年代前半に製品化した。そうして関連の技術やノウハウを積み上げてきた。同社ものづくり・R&D戦略部開発企画室の岡田恒輝室長は「無機ナノ粒子の形状や純度を制御する合成技術、分析技術は我々の強み」と自負する。その技術を生かし、酸化チタンや酸化スズなど多様な無機酸化物を扱いつつ、ナノ粒子の形状や純度など多様な要素を調整して、ペロブスカイト太陽電池用としての最適解を模索していく。

　また、ペロブスカイト太陽電池の構造は透明電極、電子輸送層、ペロブスカイト

層、正孔輸送層、裏面電極の順で積層した順構造のほか、電子輸送層と正孔輸送層の位置を変えた逆構造などがある。それぞれの構造で電子輸送材は異なる設計思想が求められる。同社はそれぞれの構造に最適化した複数の電子輸送材を提案する方針で、すでに「一部の構造に対しては従来品に比べて高い変換効率を出せる材料を実現している」(岡田室長) という。

電子輸送材としては、炭素化合物のフラーレンも研究では一般的に使われている。特に逆構造で用いる。デンカは2024年4月にフラーレンの製造販売を手がけるフロンティアカーボンに出資し、三菱商事と共同で運営する体制を整えた。デンカは高い導電性を持つ炭素化合物であるアセチレンブラックの量産実績を持つ。そうして培ってきたカーボンナノ材料に関するノウハウや製造技術をフラーレンの品質向上に応用し、2027年をめどに量産体制を整えたい考えだ。

有機EL技術応用で「正孔輸送材」

三菱ケミカルは正孔輸送材の供給を目指す。前出の宮坂コンソに参画している。宮坂特任教授が同社の正孔輸送材を使って太陽電池セルを作製したところ、従来品に比べて耐久性や変換効率が高まる成果を得たという。そのほか、複数のメーカーにサンプル品を提供し、評価を受けている。

三菱ケミカルはプリンターの部材である有機感光体(OPC)ドラムや有機EL向けなど、有機材料を20年以上研究開発している。ペロブスカイト太陽電池と同じ、有機系の太陽電池である「有機薄膜太陽電池」は製造実績も持つ。そうして培った材料設計や評価の技術、ノウハウを応用し、材料組成などをさらに最適化した正孔輸送材を開発してペロブスカイト太陽電池の性能向上や製造プロセスの効率化につなげる。また、正孔輸送材も電子輸送材と同じく、適用するペロブスカイト太陽電池の構造や製造プロセスによって最適解が変わる。同社は太陽電池メーカー各社などの取り組み方に応じた最適な正孔輸送材をそれぞれ開発していく。

三菱ケミカルアドバンストソリューションズ統括本部電池・エレクトロニクス本部エレクトロニクスインキュベーション部の船山勝矢部長は「ペロブスカイト太陽

電池の課題である寿命の改善などに向けて、正孔輸送材が取り組める余地はまだまだある。素材メーカーとして貢献したい」と力を込める。

　日産化学は、有機EL向け材料の開発で蓄積した技術を応用して正孔輸送材を開発している。溶媒に溶けやすく大面積で均質な正孔輸送層を形成しやすい材料を実現したという。サンプル品でメーカーなどによる評価を受けており、2030年の事業化を目指す。

　ペロブスカイト太陽電池の事業化を目指す、アイシンの研究開発子会社であるイムラ・ジャパンは1998年から色素増感太陽電池の材料を開発しており、そこで培った技術を応用して正孔輸送材を開発している。アイシン製品開発センター先進開発部グリーンエネルギー開発室の中島淳二主席技術員は「イムラ・ジャパンの材料を我々のペロブスカイト太陽電池に用いて評価するサイクルを迅速に回して、性能向上を図っている」と説明する。

　このほか、日本精化や保土谷化学工業も正孔輸送材の研究開発に取り組んでいる。

　ここまでペロブスカイト太陽電池を構成する素材と、そこに商機を見出そうとする素材メーカーの動きや彼らが持つ技術、ノウハウを見てきた。各社がさらに研究開発を進め、それぞれの素材がペロブスカイト太陽電池向けに最適化されていくことで、ペロブスカイト太陽電池市場における日本の競争力は高まる。

3-6　鉛問題を考える

含有量とRoHS指令

　ペロブスカイト太陽電池を構成する素材をめぐっては、触れておくべき論点がもう1つある。ペロブスカイト層に含まれる鉛の問題だ。鉛は人体や環境に悪影響を及ぼす有害性がよく知られており、家電製品において使用を極力避けることは産業界の常識だ。欧州（EU）では電気・電子部品において有害物質の使用を制限する

RoHS（ローズ）指令が2006年に施行し、カドミウムや水銀などとともに鉛が対象になっている。鉛の最大許容濃度として100 g当たり0.1 gが求められる。日本企業もEUに製品を輸出する場合は、この規制の対象になる。

ただ、太陽電池の場合、電卓に組み込まれるような小型製品は規制を受けるものの、設置固定型の大型設備は適用対象外になる。具体的には「定められた場所で恒久的に使用するために専門家によって設計・組み立て・設置されたもので、公共・商業・産業および住宅用途のために太陽光からエネルギーを生成するもの」が免除される。

桐蔭横浜大の宮坂特任教授の試算によると、ペロブスカイト太陽電池のモジュール1 m^2 当たりの鉛含有量は0.4～0.8 gだ。一方、車のバッテリー用の鉛蓄電池に用いられる鉛の使用量はペロブスカイト太陽電池の500 m^2 以上分に相当するという試算がある。これに関連して、同大でペロブスカイト太陽電池に関わる鉛のリサイクル方法を研究する池上和志教授が解説する。

「ペロブスカイト太陽電池は基板がフィルムかガラスかで重量が大きく変わる。フィルムの場合はその軽さによって100 g当たり0.1 gに抵触する可能性がある。もっと言えば、RoHS指令における最大許容濃度の分母は『機械的に分解できる最小単位』としており、発電層だけを分母に取る形も考えられなくはない。その場合はペロブスカイト太陽電池自体が抵触する。一方、環境影響を正しく評価するのであれば、含有量は重量比より絶対量で考える方が適切だろう。設置場所の事情を踏まえつつ、環境影響の程度が正しく評価される方向で整理されることを期待したい。もちろん、（RoHS指令の規制がかからない）国内での実用化でも環境影響を評価しながら管理する仕組みが必要だろう」

いずれにしても、有害物質の取り扱いに注意が不可欠なことは論をまたない。完成品メーカーや政府は適切な管理・回収体制の構築の重要性を認識する。「事業者に対して一定の厳しいルールが必要」（ペロブスカイト太陽電池の事業化を目指すあるメーカー）という声も上がる。国内における具体的なルールに関する議論は2024年5月時点でまだ本格化していないが、健全な市場を創出するための重要な論点になるため、今後の動向が注目される。

鉛フリー（無鉛）化の研究活発

　一方、研究の現場では鉛の使用量を減らしたり、鉛を使わなかったりするペロブスカイト太陽電池は大きなテーマになっており、国内でも活発だ。電気通信大学の早瀬修二特任教授は、鉛をスズに置き換えた鉛フリーのペロブスカイト太陽電池で、2020年に変換効率13.2%（当時の世界最高値）を達成した。鉛を用いたペロブスカイト層以上に均質な成膜は難しくなるが、「実用化には鉛を使ったものと同等の性能が必要」（早瀬特任教授）として変換効率20%以上を目指している。

　また、京都大学の若宮淳志教授は鉛の一部をスズに置き換え、鉛の使用量を減らしたペロブスカイト太陽電池で2022年に23.6%を達成している。鉛フリーのスズ系ペロブスカイト太陽電池の研究開発もしている。前出の通り、若宮教授が共同創業したエネコートテクノロジーズでは、鉛を減らした製品の開発を進めていく計画だ。

3-7　競争力の源泉「成膜技術」

　高性能な製品をいかに生産性高く製造するか。完成品の競争力を大きく左右するポイントだ。ここまで紹介してきた各素材の特性はもちろん、それを扱って製造するプロセスの最適化が欠かせない。特にペロブスカイト層や電子輸送層、正孔輸送層を大面積で均質に成膜する技術がカギを握る。完成品メーカーにとって最重要の研究開発テーマになっている。第2章で、成膜する方法はウェットプロセスとドライプロセスの2つに大別できると書いたが、日本のメーカーの多くは、製造コストの低減が見込めるといった理由から溶液を塗布して乾かすウェットプロセスによる確立を目指す。

　ウェットプロセスの成膜法は「ダイコート」や「インクジェット」など複数ある（図表3-9、3-10）。いずれもどのような環境でどのように溶液を塗るか、あるいは塗った溶液をどのように乾かして結晶化するかといった多様な要素を最適化して性

第3章　ペロブスカイト太陽電池の素材技術を追う

ダイコート（R2R）　　メニスカス　　　スプレー　　　インクジェット

図表3-9　ウェットプロセスの成膜方法のイメージ

産総研グループ資料をもとに作成

成膜方法	Wet / Dry	メリット	デメリット
ロール・ツー・ロール（R2R）	Wet	・印刷などの技術で低コスト化 ・成膜速度が速い ・低設備コスト	・凹凸表面へ適用困難 ・100 nm以下の膜厚制御が難しい
スプレー	Wet	・印刷などの技術で低コスト化 ・成膜速度が蒸着より速い ・低設備コスト ・凹凸表面への適用可能	・平滑ペロブスカイト層の成膜が難しい ・成膜速度がR2Rより遅い
インクジェット	Wet	・印刷などの技術で低コスト化 ・成膜速度が蒸着より速い ・低設備コスト ・凹凸表面への適用可能 ・30 μm幅程度の微細加工が可能	・平滑ペロブスカイト層の成膜が難しい ・成膜速度がR2Rより遅い
蒸着	Dry	・細かい凹凸表面へ適用可能 ・大面積基板への成膜が容易	・高品質ペロブスカイト層の成膜が難しい ・連続成膜ができない ・真空蒸着装置の設備コストが高い ・設備運用コストが高い

図表3-10　成膜方法の特徴

能の安定や向上を図る。この技術やノウハウこそが国際競争力の源泉になる。日本のメーカーは、既存の事業などを通して蓄積してきたそれを自負する。

ダイコートとメニスカス

　積水化学は、R2Rで搬送するフィルム基板にスリットダイという装置で溶液を塗布する。ダイコート方式と呼ぶ塗布法で、細長いスリットから溶液を押し出して塗布し、幅広に一括成膜する。同社はセロテープやクラフトテープなどの粘着テープを長年、R2Rのダイコート方式で高速生産しており、その技術やノウハウを生かしている。2021年には30 cm幅のペロブスカイト太陽電池を製造するプロセスを確立しており、「歩留まりも大分上がってきた」（積水化学PVプロジェクトの森田ヘッド）。2025年までの1 m幅のプロセス確立を目指して、研究開発を進めている。

　東芝エネルギーシステムズは、表面張力を利用して成膜するメニスカス塗布法に強みを持つ。有機薄膜太陽電池の研究開発で1990年代から取り組み、技術やノウハウを蓄積してきた。基板と細長い円柱状の装置（アプリケータヘッド）の間に設けた50 μ〜1000 μmの隙間に原料の溶液を注入し、表面張力でできる円弧状の液面（メニスカス）が形成された状態で基板を移動させて成膜する。

　ペロブスカイト層は従来、2つの溶液をそれぞれ塗布して成膜していたが、2021年に1つの溶液で成膜できるように溶液や装置などを改良して、変換効率の向上や生産工程の簡素化につなげた。同社は面積703 cm^2で変換効率16.6%とフィルム基板として世界最高水準の性能を実現していると紹介したが、その背景には独自のメニスカス塗布技術がある。

インクジェットとスプレー

　インクジェットも有力な方法だ。たくさんの微細なノズルから溶液を吐出して成膜する。リコーやパナソニックホールディングス（HD）がこの塗布法で、製造プロセスの確立を目指す。リコーはノズルや溶液を自社で開発した産業用R2Rイン

クジェットプリンター製品を2014年から供給しており、10年以上、関連の技術やノウハウを積み上げてきた。

インクジェットで均質な薄膜を形成するためには、ノズルから吐出した隣り合う微細な液滴を最適に融合させる技術が重要になる。リコーはそれに応用できる技術を多く持つ。また、2020年に東京工業大学と共同研究講座を立ち上げ、インクジェットによる液滴の挙動を解析する基礎研究をしており、この研究成果も生かせるという。

乾燥工程の技術やノウハウも持つ。産業用プリンターでは溶液を塗布した紙の裏側から熱を加えるロールヒートや、塗布表面に強い風を送るエアブローを用いる。こうした技術の最適な応用方法を模索している。

リコー先端技術研究所IDPS研究センターの太田善久所長は「印刷技術はノウハウの塊。（産業用プリンターの製品開発などで培ったノウハウは）そう簡単にはキャッチアップされないだろう」と自信を見せる。

一方、パナソニックHDは有機ELの製造でインクジェット塗布の技術やノウハウを積み上げており、それらを応用する。「独自のインクジェット装置を持っており、それは強みになる」（パナソニックHD技術部門テクノロジー本部マテリアル応用技術センター1部の金子幸広部長）という。

なお、ペクセル・テクノロジーズは紀州技研工業と共同で、ペロブスカイトの成膜に使う研究用のインクジェットプリンターを開発し、2023年から販売している（**図表3-11**）。

ノズルから溶液を吐出する方法としては、スプレー法もある。アイシンは本業である自動車部品の塗装でこの方法を用いており、そこで培った技術を生かした製造プロセスの確立を目指す。もちろん、部品塗

ペクセル・テクノロジーズ提供

図表3-11　ペクセルなどが開発した研究用インクジェットプリンターで試作したペロブスカイト太陽電池

装とペロブスカイト太陽電池の成膜に違いはある。部品塗装は30μ〜100μmの厚さで塗るが、ペロブスカイトの膜は1μm以下の薄さだ。ノズルから吹き付けるミストの大きさのほか、吹き付ける際に流す不活性ガス（キャリアガス）の種類や強さなど、最適化が必要な要素は多数あり、難易度は高いという。

　ただ、「ノズルが安価なため、設備コストが安く（インク材料組成や基板温度、雰囲気制御などの）設計自由度も高いため、工程トータルでかなりの低コスト化が見込める。長い目で勝ち筋があるのではないか」（アイシンの中島主席技術員）と見通している。

3-8　耐久性問題に対応するもう1つの方法

　ペロブスカイト太陽電池が抱える耐久性の課題にどう対応するか。第3章で追ってきた、素材や封止技術などの改良による進展は期待される。一方、発展途上の耐久性を前提にビジネスモデルを構築しようとする動きがある。素材の話からは少し外れるが、ペロブスカイト太陽電池の迅速な実用化に貢献する注目すべき技術動向のため見ていきたい。ポイントは施工・交換コストの低減だ。

張る太陽電池

　北海道苫小牧市にある苫小牧埠頭の物流倉庫。風は強く冬には積雪があり、日照時間も短い。太陽電池にとって厳しいこの環境で、日揮は2024年4月にペロブスカイト太陽電池の実証実験を始めた。この実証には太陽電池の性能の確認のほかに、重要な狙いがある。同社が開発した「シート工法」の検証だ。倉庫や工場などで一般的な凹凸のある折板屋根や壁面の凸部分に、断面がΩ型のアレイで遮熱シートと一体化させたペロブスカイト太陽電池を固定して張る。施工が容易で、作業員1人当たり1日で約100 m²張れるという。この方法でシリコン太陽電池と比較して

施工コスト2分の1以下を目指す（**図表3-12**）。

　日揮未来戦略室の永石暁アシスタントマネージャーは「太陽電池自体の耐久性の向上を待っていると社会実装に時間がかかってしまう。施工や交換が容易であれば、耐久性の問題に対応しつつ実用化できる。また、太陽電池の性能は日進月歩で向上するため、当初の製品を20年間使い続けるユーザーはなかなかいないだろう。その点でも交換容易であれば対応しやすい」とシート工法の狙いを明かす。

　もちろん、施工・交換は容易にしつつも、安全の確保は欠かせない。実証では固い板の上にしっかりと固定したペロブスカイト太陽電池も設置し、風などの外力による影響を比較する。日揮はシート工法の有用性を確認した上でペロブスカイト太陽電池を事業化する。倉庫や工場の屋根や壁面などを借りて、その施設の所有者にペロブスカイト太陽電池による再生可能エネルギーを供給するビジネスモデルを構想している。

　横浜市中区の湾岸にある大さん橋で2024年3月に始まった実証実験も、「塩害などの苛烈環境にも耐える交換容易な設置構造の確立」を検証テーマに据える（**図表3-13**）。実施主体であるマクニカのイノベーション戦略事業本部サーキュラーエコノミービジネス部第一課に所属する阿部博主席は「耐久性の課題を考慮しつつ、軽く取り回しが容易なペロブスカイト太陽電池の特性を生かせる交換容易なモジュールを設計したい」と説明する。具体的な構造としては、マジックテープや接着剤などを用いた方法を模索していく。

　マクニカは前出の麗光やペクセル・テクノロジーズなどと連携して、2026年頃にフィルム型ペロブスカイト太陽電池を事業化したい考え。麗光はバリアフィ

日揮提供

図表3-12　日揮などによる物流倉庫での実証実験

桐蔭横浜大学提供

図表3-13　マクニカなどが行う大さん橋での実証実験

ルムやITOフィルムのほか、R2Rの製造技術を持っており、そうした素材や技術を生かす。環境省の実証事業「地域共創・セクター横断型カーボンニュートラル技術開発・実証事業」の採択を受けて研究開発を進めている。交換容易な設置構造のほか、変換効率15%のペロブスカイト太陽電池をR2Rで製造する技術などについて2025年度中の確立を目指す。

円筒型

　耐久性の問題に対する回答として、面白い取り組みをもう1つ紹介しよう。「円筒型」だ。薄膜の太陽電池シートを最長120cm程度のガラス管に丸めて挿入し、両端に電極を付けて完全に封止する。複数本並べて設置すると、すだれのようにその隙間を風が通り抜けるため頑丈な施工が要らず、蛍光灯のように容易に交換できる。電通大の早瀬特任教授やウシオ電機、CKD、フジコーが共同で研究開発を進める。建物壁面のほか、農地に支柱を立ててその上部に太陽電池を設置し、農業生産しながら発電する営農型太陽光発電などの需要開拓を狙う。

　開発のきっかけはウシオ電機。ランプメーカーである同社が、自社の製造技術を生かせる新製品として太陽電池に着目した。2009年のことだ。耐久性に課題があった色素増感太陽電池の長寿命化に、自社のガラス封止技術を生かそうと考えた。その後、同じく耐久性に課題があり、より変換効率が高いペロブスカイト太陽電池が登場したため、それにガラス封止技術を生かすことを念頭に、研究開発を続けてきた。

2023年度には東京都調布市にある電通大のキャンパスで実証実験を行った。円筒型太陽電池を壁面に8本設置し、設置方法などを検証した（**図表3-14**）。2024年度中には設置本数を2000本まで増やした大規模実証を始める。

また、2021〜2022年にかけて約1年間、ビニールハウスの天井部分に720本設置し、チンゲンサイを栽培しつつ、発電する実証実験を行った。円筒型は隙間から光も通すため、平板型の太陽電池を設置する場合に比べて栽培に悪影響を与えにくい効果を確認している。設置する本数を変えることで、農作物に届ける光の量を柔軟に変えやすい特徴も売りになるという。

ウシオ電機提供

図表3-14　電通大キャンパスで行われた円筒型の実証実験

円筒型は、吸収する波長が異なる2種類以上のフィルム型太陽電池を積層したタンデム型にも対応できる。ウシオ電機事業創出本部マーケティング部門クライメイト・ソリューション部の中村雅規エグゼクティブスペシャリストは、「（タンデム型により）将来はより変換効率の高い製品を提供したい」と力を込める。

一方、直近の事業化に向けた課題はコストだ。封止工程に費用がかさみ、全体のシステムが割高になるからだ。また、円筒型は外部からフィルム型ペロブスカイト太陽電池の供給を受けて製品化する予定。ただ、まだ市場に製品はない。これまでの実証実験は、薄膜だがペロブスカイト太陽電池に比べて変換効率は低いアモルファスシリコン太陽電池を利用している。このため、完成品メーカーの動きも円筒型の事業化の動向を左右する。

column

2 　材料・工程にAI生かせ

　ペロブスカイト太陽電池の材料組成や成膜条件の組み合わせは多様で、100万通り以上あると言われる。仮に人の手だけで実験を繰り返して最適な条件を導き出そうとすると、膨大な時間がかかってしまう。産業技術総合研究所は、人工知能（AI）を活用してペロブスカイト太陽電池のセル作製を最適化する研究開発を進めている。これまでに、AIを活用して材料開発を効率化する「マテリアルズ・インフォマティクス（MI）」と、最適な製造プロセスを探索する「プロセス・インフォマティクス（PI）」を同時に使い、変換効率を最大化する最適な条件を算出した。研究者が最適化した条件で得た変換効率よりも高い変換効率を示すセルの作製に成功した。

　既存のAIモデルをベースにペロブスカイト層の成膜に関わるパラメーターを設定して、変換効率が最大になる条件を算出した。パラメーターは研究者の経験から、変換効率への影響が大きいと推察される要素を抽出した。研究者は、①パラメーターを設定して実験する②AIに実験結果を学ばせる③AIからパラメーターの改善提案を受ける④改善提案に従って新たに実験する─という流れを繰り返した。また、ペロブスカイト層の成膜には自動塗布システムを使った。それにより、人の手で実験する場合に発生してしまう溶液を塗布するタイミングなどの微妙なズレを減少させ、実験の再現性とデータの精度を高めた（**図表3-15**）。

　その結果、通常よりも極めて少ない試行回数で、これまで研究者が最適化させた条件よりも高い変換効率が得られる条件をAIが導き出したという。今後は同様の方法を用いて、高い変換効率と高い耐久性を両立する最適な条件を探索する。

　ペロブスカイト太陽電池の高性能化に向けて、AIを活用した成果を示す論文

は増えている。ただ、MIだけを用いるケースが多く、MIとPIを同時に用いて最適化を図る産総研の研究は先進的という。産総研ゼロエミッション国際共同研究センター有機系太陽電池研究チームの神田広之主任研究員は「ペロブスカイト太陽電池の高性能化を考える上で、材料とプロセスは切り離せない。材料を変えるとそれに最適なプロセスは変わるし、プロセスを変えれば最適な材料も変わる」とMIとPIの同時利用の重要性を説く。また、「日本企業の国際競争力を高める上で、AIを活用して研究開発のスピードを加速させることは大事。国内メーカーにできる限り我々のAI活用ノウハウをフィードバックしていきたい」と力を込める。

産総研はAIを活用した材料開発に関わる情報提供やコンサルティングなどを行う組織「データ駆動コンソーシアム」を整備している。そうした体制も生かしてノウハウを展開していく。

産業技術総合研究所提供

図表3-15　ペロブスカイト層の成膜に使う産総研の自動塗布システム

付録

ペロブスカイト太陽電池の事業機会を模索する
本書登場の素材メーカー

フィルム基板（順構造）の場合

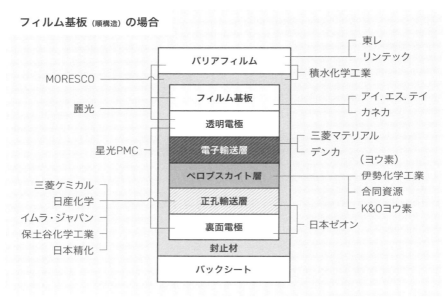

ガラス基板（順構造）の場合

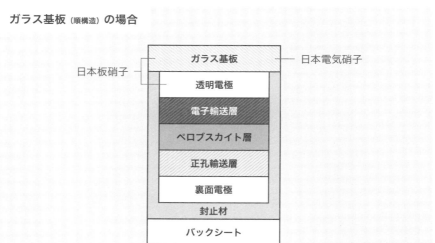

ペロブスカイト太陽電池の舞台を整える

ペロブスカイト太陽電池市場で日本企業が活躍するために、政府の支援は欠かせない。完成品メーカーや素材・化学メーカーの声などをもとに、必要な政策を考察しつつ、現在の動向と展望を探る。

4-1　素材メーカーの力を生かす

GXサプライチェーン構築支援事業

　「素材を供給する我々にも支援があれば」―。ペロブスカイト太陽電池向けに素材提供を目指す複数のメーカーからそうした声が漏れる。政府はこれまでグリーンイノベーション（GI）基金を通して完成品メーカーの研究開発を後押ししてきた。2024年度からは同じGI基金の枠組みを使い、導入が期待される場所でユーザー企業と連携し、実施する大規模実証を支援して事業化への道をつなげる。一方、素材メーカーが直接的に支援を受ける仕組みはこれまでない。

　そこで注目される政策の1つが「GXサプライチェーン構築支援事業」だ。水電解装置や燃料電池などとともにペロブスカイト太陽電池の完成品や関連の部材・素材を製造する事業者の設備投資を支援する。同事業は「中小企業を含めて高い産業競争力を有する形でGX（グリーン・トランスフォーメーション）分野の国内製造サプライチェーンを確立する」という目標を掲げており、サプライヤーも支援対象に2024年度からの5年間で4212億円を充てる。補助率は大企業が3分の1以内、中小企業は2分の1以内。国内に立地する工場などへの設備投資が対象で、製造した部材・素材の供給先は国内企業に限らなくてよい、といった条件で提案を募るという。水電解装置や燃料電池の関連は支援対象の公募を2024年6月に始めた。ペロブスカイト太陽電池に関わる提案は2024年度中に募集する予定という。

　こうした支援を通して、素材メーカーの取り組みが活発になることが期待される。

セル自動作製装置で参入促進

　国内に多数存在する素材メーカーの力を生かすためには、すでに関連素材の事業化を目指している企業への支援はもちろん、新たな参入を促す機能も必要だろう。茨城県つくば市にある産業技術総合研究所では、そうした流れを生み出す装置が

第4章 ペロブスカイト太陽電池の舞台を整える

産業技術総合研究所提供

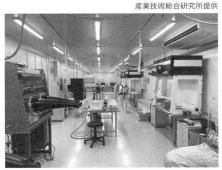

図表4-1　産総研で整備が進む研究拠点（㊨はドライルーム）

2024年の秋口にも稼働する。「セル自動作製システム」だ。

　同システムはガラスの基板をセットしておくと、発電層の成膜や電極の設置などを自動で行い、セルを作製する。太陽電池を構成する各材料やその成膜条件がデバイスにどのように影響を与えているかについて解析もできる。産総研はGI基金の採択を受けて、ペロブスカイト太陽電池の研究用のドライルームや分析装置などを備えた拠点を整備しており、セル自動作製システムの構築はその一環だ（**図表4-1**）。

　素材メーカーは、一般にセルを作製するノウハウを持たない。そうしたメーカーも装置を使うことで自社が開発した材料の有用性を検証できる。産総研ゼロエミッション国際共同研究センター有機系太陽電池研究チームの村上拓郎研究チーム長は「日本の素材・化学メーカーは今なお世界で強さを示している。ペロブスカイトはその強みを生かせる太陽電池。ぜひ、参画して欲しい」と期待する（インタビュー2に詳述）。

連携の必要性

　「サプライヤーとともにオールジャパン体制で製造した製品で、海外に展開できれば」―。ある完成品メーカーは、そう胸の内を明かす。完成品メーカーの立場に

立つと、素材メーカーが持つ高い技術やノウハウは自社の製品でこそ生かして欲しい。今後、激しい国際競争が見込まれる中で、特に海外メーカーへの供給は控えて欲しいのが本音だ。とはいえ、素材メーカーは当然、自社製品のグローバル展開を狙っており、その機会の制御はできない。

政府は日本製のペロブスカイト太陽電池が国際市場で勝ち抜くための、完成品メーカーと素材メーカーによる連携の必要性について「課題は認識している」（経済産業省資源エネルギー庁担当者）と話すにとどめる。第1章で触れた、完成品メーカーや自治体など150社・団体以上が参加する官民協議会「次世代型太陽電池の導入拡大及び産業競争力強化に向けた官民協議会」には素材業界も一部参加しており、論点の1つには「海外市場の獲得に向けた対応」があげられている。海外展開にあたり、連携を促すような政府の後押しはあり得るか、議論の行方が注目される。

4-2　需要を創出する

導入目標とFIT・FIP制度

まだ市場がない製品を量産する。完成品メーカーにとってその投資判断は非常に難しい。とはいえ、中国メーカーを始め、世界で事業化への動きが活発化する中で、政府もその判断を遅らせるわけにはいかない。前出の官民協議会を通して、市場を作る、あるいは需要を喚起する政策の議論が本格化している。

市場を創出する政策の1つが、導入目標の策定だ。官民協議会は2024年秋をめどに「次世代型太陽電池戦略」を策定する見通しで、そこに盛り込む方針だ。経産省は導入目標に対して実行力を持たせるため、設置者に対する補助制度も合わせて整備する考え。政府は脱炭素に向けた資金を調達するために10年間で20兆円規模の国債「GX経済移行債」を発行する。それを活用した制度設計などを検討していくという。

焦点は目標の解像度をどこまで高められるか。経産省資源エネルギー庁は2024

年5月末時点で「産業別などどこまで具体的な目標を示せるかは現時点で不透明」（担当者）と話す。ただ、東京・霞が関の各府省庁の建物や地方事務所などの政府施設については、環境省が設置に適した建物や場所を調査し、実現可能な目標を設定する方針。政府が2023年に策定した再生可能エネルギー導入拡大に向けた行動計画『「GX実現に向けた基本方針」を踏まえた再生可能エネルギーの導入拡大に向けた関係府省庁連携アクションプラン』の中で需要の創出先として例示している、「公共施設や空港の駐車場、鉄道の法面（のりめん）などの公共インフラ」なども明確化が期待される。

需要喚起策としては、再生可能エネルギー固定価格買い取り制度（FIT・FIP制度）も注目の的だ。経産省資源エネルギー庁は同制度に新たな区分を設けて、ペロブスカイト太陽電池による電力の買い取り価格を優遇する検討に着手している。官民協議会や経産省の有識者会議「調達価格等算定委員会」を通して議論を進める。

買い取り価格以外にも論点は多い。例えば、買い取り期間の設定。現行制度では、住宅用など10 kW未満は10年、事業用・産業用の10 kW以上は20年に設定している。ペロブスカイト太陽電池は耐久性の評価法がまだ確立していない。積水化学工業は「耐久性10年相当」と説明しているが、それは既存の太陽電池用の評価手法を用いて算出した値であることは前に触れた。こうした状況下で、どのように整理するかは難しい問題だ。また、優遇対象の考え方も検討テーマになる。経産省資源エネルギー庁によると、太陽電池の種類で区分する方法もあれば、薄くて軽く曲げられる特性が生かせる耐荷重の低い屋根や壁面などの設置場所で区分する方法も考えられるという。

導入目標やFIT・FIP制度の詳細は、完成品メーカーなどの事業戦略に影響を及ぼす。今後の制度設計が注目されると同時に、その具体化が急がれる。

海外市場の開拓

市場創出や需要喚起の政策について触れてきた。ただ、ここまでは国内市場を前提にした話だ。政府は2030年までの早期にGW級の量産体制を構築する方針を示

しているが、そうした未来の実現は国内の需要だけでは難しい。海外市場の開拓が不可欠だ。そのための政府による取り組みはすでに始まっている。

例えば、2023年5月に広島市で開かれた「G7広島サミット2023」。広島県立総合体育館「広島グリーンアリーナ」に設けられた特設会場に、積水化学はフィルム型ペロブスカイト太陽電池を展示した。政府の要請を受けて実施したという。また、同11〜12月にアラブ首長国連邦（UAE）のドバイで開かれた「国連気候変動枠組条約第28回締約国会議（COP28）」では、環境省主催のパビリオンでパナソニックホールディングスがペロブスカイト太陽電池を紹介した。経産省資源エネルギー庁は「政府同士の対話の中でこれからもPRしていく」（担当者）と意気込む。

脱炭素は世界的な要請で、太陽電池の需要は拡大する。現在の太陽電池市場は中国メーカーが席巻しているが、日本製のペロブスカイト太陽電池については「国際安全保障の観点で欧米の信頼や期待は高い」（積水化学PVプロジェクトの森田健晴ヘッド）という声もある。その信頼や期待を実際のビジネスにつなげられるか。政府の後押しは引き続き、重要になる。

4-3　適切な市場を整備する

国際標準化の重要性

海外市場を獲得する。その重要性は触れた通りだ。日本メーカーがそれを獲得していく上で、重要なポイントがもう1つある。性能を評価する方法の国際標準化だ。

太陽電池は、評価法が多数存在する。その中で、国や地域で異なる評価法を用いると、国際市場では各国のメーカーの製品同士を適切に比較できなくなる。当然、既存のシリコン太陽電池には国際標準化された評価法がある。太陽電池に印加する電圧を変えた際の電流の変化を測定して性能を割り出す「I-V曲線測定法」だ。ペロブスカイト太陽電池は、電圧を上げていった場合と下げていった場合で電流の値が変わってしまう特性（ヒステリシス）があり、I-V曲線測定法では評価が難し

い。そこでペロブスカイト太陽電池に適した新たな評価法が必要になる。

電気・電子技術の国際標準化は、国際電気標準会議（IEC）が担う。太陽光発電システム関連は、IECの委員会「TC（Technical Committee・技術委員会）82」で制定する。このTC82のワーキンググループ（WG）でペロブスカイト太陽電池に関する評価法の国際標準化に関わる議論が2024年4月に始まった。この議論に至るそれまでの取り組みは、日本が一貫してリードしてきた。少し長くはなるが、非常に重要なポイントのため、これまでの経緯を紹介し、これからを展望したい。

リーダーに日本人の名

「APPROVE（承認）」─。IECのホームページ、TC82の活動を紹介するページに表示された。2024年2月のことだ。ペロブスカイト太陽電池の評価法を策定する提案に対して投票国の大多数が賛同し、承認された。TC82に新たなWGを立ち上げ、議論する方針が決まった。

このWGの「プロジェクトリーダー」の欄には「Masahide KAWARAYA」という日本人の名がある。ここまでの活動を日本がリードしてきた証だ。当のリーダーを務める、神奈川県立産業技術総合研究所（KISTEC）の瓦家正英科学技術コーディネーター（産総研招聘研究員兼務）は「スピード感を持って議論を進めたい」と気を引き締める。2024年4月に議論を始めたWGは、17カ国の研究者ら約40人が話し合い、2025年中をめどに評価法の指針になる「TS（Technical Specification・技術仕様書）」の原案を策定する。

少し補足しよう。TSは国際規格を示す「IS（International Standard）」とは異なり、国際規格の前段に位置づけられる（**図表4-2**）。ただ、これを基準に第三者機関が審査を行い、適合証明書を発行することができる。ペロブスカイト太陽電池はまだ市場ができておらず、ISの発行は難しいため、TSの策定を目指す。

WGでの議論開始に至る道のりの始まりは、2016年に台湾で開かれたTC82の会合だった。そこで有機系太陽電池技術研究組合（RATO）が色素増感太陽電池や有機薄膜太陽電池といった有機系太陽電池の性能評価に関わる標準化の策定を提言

国際規格（IS）	国際的な標準化・規格機関において採択された公に利用できる規格
技術仕様書（TS）	技術開発途上のものや将来的に国際規格となり得るものを対象にISの前段階として策定する規範文書
技術報告書（TR）	調査データや最新の情報などが含まれる参考文書

図表4-2　標準化機関による発行物の種類

した。RATOは先端的な研究を推進する政府の支援事業「FIRST（最先端研究開発支援プログラム）」で2009年に採択された「低炭素社会に資する有機系太陽電池の開発（中心研究者：瀬川浩司東京大学教授）」による成果の実用化を目的として2012年に発足した。つまり、有機系太陽電池の市場を創出したいRATOが、国際標準化の必要性をTC82で訴えたというわけだ。

　この時のTC82は、参考情報をまとめる「TR（Technical Reports・技術報告書）」を作る方針で合意した。実際に日本の研究者やオーストラリア連邦科学産業研究機構（CSIRO）の関係者らが議論を行い、2019年に「Measurement protocols for photovoltaic devices based on organic, dye-sensitized or perovskite materials（有機材料、色素増感材料、またはペロブスカイト材料にもとづく光電変換デバイスの測定プロトコル）」として策定している。

　ただ、TRはあくまで参考情報に過ぎない。変換効率の測定法は複数が並列して掲載され、それぞれの価値判断はされない。これでは商取引の指針には不十分だ。そこでRATOはTRの策定作業を進めつつ、2018年度に国際標準化の策定に動き出した。その際に、国際標準を作る対象として、有機系の中でも性能向上が著しかったペロブスカイト太陽電池に絞った。経産省の委託を受け、IECに国際標準化の原案を提出してWGを発足することを目標に活動を始めた。それから6年、有志で参加した5カ国7機関と連携しながら活動して提案し、2024年2月の「承認」に

こぎ着けた。

WGが承認された理由

　6年間の道のりは平坦ではなかった（**図表4-3**）。そもそもペロブスカイト太陽電池に関わる評価法の国際標準化は、IECでも時期尚早と捉えられていた。国際標準化は製品が市場に一定程度出回ってから、策定に向けた作業が始まるのが一般的だ。ペロブスカイト太陽電池は、2024年6月時点でも市場にほとんど出回っていない。まして、耐久性や安定性に関する課題は今なお解決したとは言えない。それでも、WGにおける議論開始が承認された背景には、KISTECを中心に行った「ラウンドロビン試験」の結果があった。

　ラウンドロビン試験は、測定の方法や装置の信頼性を検証するために複数の機関に同じ試料を配布して性能を計測する活動だ。6年でこれを3回行った。太陽電池の最大出力を測定する「MPPT（最大出力点追従制御）法」をベースにしつつ、測定方法の改善などを重ねた。その結果、3回目で各機関の測定値にほとんど差が見られない良好な結果を得た。2016年度の活動開始当初から関わってきたRATOの馬飼野信一シニアリサーチャーが振り返る。

「ペロブスカイト太陽電池はまだ開発の歴史が浅い。その中で、ラウンドロビン試験の良好な結果は関係者にとって驚きだった。ペロブスカイト太陽電池は予想以上に研究開発が進んでおり、製品化が近づいているとIECの関係者にも捉えられた。WGで議論する方針を、各国の関係者らと合意できた大きな要因になった」

　測定方法の改善で特に効果を発揮した取り組みが、測定前に行う処理を規定したことだ。ペロブスカイト太陽電池は、材料や構造によって性能の変化が顕著に表れる。光を照射した直後は出力が低く、そのまま照射すると一定期間、増加傾向を辿った後に出力が安定するセルもあれば、光照射直後は高く、低下した後に安定するセルもある。つまり、光照射後の測定するタイミングによって結果に大きな差が生まれてしまう。そこで、真夏の直射太陽光と同程度の強さ（1SUN）の光を1時間照射した後に出力を測定する方法を共有した結果、再現性の高い測定結果を得

4-3 適切な市場を整備する

2016年	台湾で開催された「IEC TC82 WG2」において有機系太陽電池の性能評価法に関わる国際標準化の必要性を日本から発信 技術報告書（TR）を作成するWGが発足する
2018年	有機系太陽電池技術研究組合〈RATO〉が経済産業省の委託を受けてペロブスカイト太陽電池に関する国際標準化活動を開始 1回目のラウンドロビン試験を実施
2019年	「IEC TC82」においてTR「有機材料、色素増感材料、またはペロブスカイト材料にもとづく光電変換デバイスの測定プロトコル」を策定
2021-23年	2回目のラウンドロビン試験を実施
2023年	3回目のラウンドロビン試験を実施 計測機関の間で測定結果にほとんど差異がない成果を得る
2024年1月	技術仕様書（TS）策定に向けたWG発足を「IEC TC82」に提案
2024年2月	WG発足について投票国の賛成多数により承認
2024年4月	WGで議論を開始

図表4-3　国際標準化に向けた活動の道のり

た。このため、より簡易な前処理方法の検討は、2024年4月に始まったWGにおけるTS原案の策定に向けても重要な論点になるという。

主導権争いも

　国際標準化は非常に重要だ。だからこそ、2024年4月のWG発足に至る道のりを紹介してきた。ただ、詳しく紹介したい理由はそれだけではない。その道のりに日本の国際競争力を考える上で見逃せない点があった。ラウンドロビン試験に用いた試料だ。

　関係者が驚くほど良好な結果が得られた背景として前処理法に触れたが、ポイントはもう1つあった。試料がテストに耐える安定性を持っていたことだ。3回目のテストはまずKISTECで測定し、それを国内外の研究機関6カ所に送付して現地で測定し、戻ってきた試料をまたKISTECで測定する流れだった。その結果、ほとんど測定値に違いが見られなかったわけだが、これは測定方法自体の適切性はもとより、試料の安定性なしには得られない成果だった。

　そして、その試料は具体的なメーカー名こそ明かされていないものの日本製だ。つまり、耐久性や安定性の観点で、まだまだ発展途上と認識されるペロブスカイト太陽電池において、日本製品は世界の関係者が驚く耐久性や安定性を持っているということだ。日本メーカーが技術面でリードしている証と言えるだろう。

　一方、今後の議論はこれまでの標準化活動の道のりで積み上げた知見をベースに進むが、そこでは国際市場で自国の製品が戦いやすい環境を作るための主導権争いが見込まれる。馬飼野シニアリサーチャーが推察する。

「(2019年に参考資料として策定した) TRには『IEC 60904-1』に規定された『I-V曲線測定法』を用いて迅速に測定すれば、ヒステリシスがほとんど表れずに高い出力で測定できるという紹介がある。それを標準にすることで、耐久性が劣る太陽電池でも高い出力を持つ製品として紹介できるという思惑を持つ国があるかもしれない」

　その上で、馬飼野シニアリサーチャーは、適切な国際標準を急ぎ策定する重要性を強調する。

「高い変換効率を謳うペロブスカイト太陽電池が一部で出回っているが、実際に手に入れて測ってみると、紹介通りの性能が出なかったり、数日後には性能が下がってしまったりするケースがある。そうした状況では、ペロブスカイト太陽電池そのものが疑いの目で見られてしまう。標準化によって適切な国際市場を作る必要がある」

"前哨戦"は始まった

　ここまで国際標準化に関わる動向を見てきた。ただし、これまでの議論は、エネルギー変換効率の測定法を対象にしている。IECのTC82で2024年4月に始まったWGの目標も変換効率の測定に関わるTSの策定だ。一方、ペロブスカイト太陽電池の性能でもう1つ重要な耐久性の評価法は別途、標準化に取り組む必要がある。これに関連して国内の完成品メーカーなどが参加して耐久性・信頼性の評価方法を議論する「国際標準化等検討委員会」が2024年3月に立ち上がった。産総研が事務局を務める。IECのTC82への提案を目指して、第一歩を踏み出したところだ。

　日本メーカーが持続可能な事業体制を整える上で、海外市場の獲得は欠かせない。そして、日本製品が国際的に高い性能を持っていても、適切な評価基準が設定されなければその市場を獲得できない。その設定に向けては国同士の主導権争いが見込まれる。ペロブスカイト太陽電池は産業化をめぐる動きが活発になっている。その産業において日本企業が活躍するための"前哨戦"がすでに始まっている。

インタビュー・ニッポンの勝ち筋を探る 2

市場に参入するスピードと、製品製造における歩留まりの向上はポイント

産業技術総合研究所ゼロエミッション国際共同研究センター
有機系太陽電池研究チーム

村上 拓郎 研究チーム長

研究拠点の整備や国際標準化活動への協力―。ペロブスカイト太陽電池市場で日本企業が活躍する未来に向けて、産業技術総合研究所の取り組みは重要になる。その現状と展望について、産総研ゼロエミッション国際共同研究センター有機系太陽電池研究チームの村上拓郎研究チーム長に聞いた。（取材は2024年5月21日に実施）

――ペロブスカイト太陽電池に関わる産総研の取り組みの現状について教えてください。

　我々の役割は企業が取り組みにくい、研究開発のための共通基盤を整備して縁の下の力持ちになることです。例えば、ドライルームや分析装置を備えた、完成品メーカーなどが利用できる研究拠点を整備しており、一部はすでに稼働しました。（その特性から既存の装置では測定できない）ペロブスカイト太陽電池の大型モジュールについて変換効率を計測できるソーラーシュミレーターも2025年度初頭に整備します。

　人工知能（AI）を用いて材料の合成や製造プロセスを最適化する研究や、量産工程で必要な塗布技術の開発も進めています。そうして得たノウハウや技術は企業に展開します。

――研究拠点ではペロブスカイト太陽電池のセルを自動で作製するシステムも整備中です。

　ガラスの基板をセットしておくと、（ペロブスカイト層や正孔輸送層、電子輸送

層の）各層を成膜して自動でセルを作製します。それぞれの材料や成膜条件が、デバイスにどのように影響を与えているかの解析もできます。この装置を使うことで、デバイスを作るノウハウを持っていない素材メーカーも自社の製品を評価できます。そうして、素材メーカーの参入を促せられれば、完成品メーカーにとってもプラスになります。

――セル自動作製システムを整備する背景として、素材メーカーの新規参入に対する期待があるということでしょうか。

　ペロブスカイト太陽電池に関わる日本産業の命運は、完成品メーカー（による研究開発の進展）だけでなく、部材メーカーによる、よりよい材料の供給が握っていると考えています。日本の素材・化学メーカーは世界で今なお強さを示しています。そしてペロブスカイト太陽電池はその強みを生かせる太陽電池です。ぜひ、参画して欲しいと思います。

――ペロブスカイト太陽電池の性能評価法の国際標準化に向けて国内の完成品メーカーなどが議論する体制「国際標準化等検討委員会」が立ち上がりました。産総研は事務局を担います。

　ペロブスカイト太陽電池は、技術以外にも未熟な部分があります。その1つが性能や信頼性を評価するための国際的に合意された手法が確立していないことです。（電気・電子技術の国際標準化を議論する国際電気標準会議（IEC）TC82において）変換効率の測定方法の議論が2024年4月に始まったばかりで、耐久性・信頼性の評価に関わる議論はまだこれからです。（国際標準化等検討委員会では）耐久性・信頼性の評価手法についてIEC TC82への国際標準案の提案を目指します。日本企業が市場に製品を投入する際に、その信頼性が適切に評価されるような標準を戦略的に作成できるよう議論を進めたいと考えています。

　ただ、標準は細かく設定しすぎると、各メーカーの開発余地がなくなり、製品が共通化してしまいます。そうならないよう"必要最低限"を意識することも重要だと考えています。

一方、国際標準化に向けては技術開発の要素もあります。耐久性・信頼性を評価するための試験技術やそれを確認する仕組みなどが必要です。それを検討するために、産総研ではペロブスカイト太陽電池を用いた実験によるデータ取得を始めています。

――中国や英国のメーカーなどによる事業化の動きが活発になっています。日本製品が国際市場を勝ち抜くために大事だと思うことは。

市場に参入するスピードと、製品製造における歩留まりの向上はポイントになるでしょう。そのため、AIなどの最先端技術を取り入れつつ研究開発のスピードを加速させて、製造プロセスを改善していくことが重要だと考えます。産総研としては研究拠点の整備や基盤技術の開発を通してそれらを支えられるように、引き続き取り組みます。

付録

ペロブスカイト太陽電池の社会実装に向けた

主要企業・団体の関係図（2024年6月末現在）

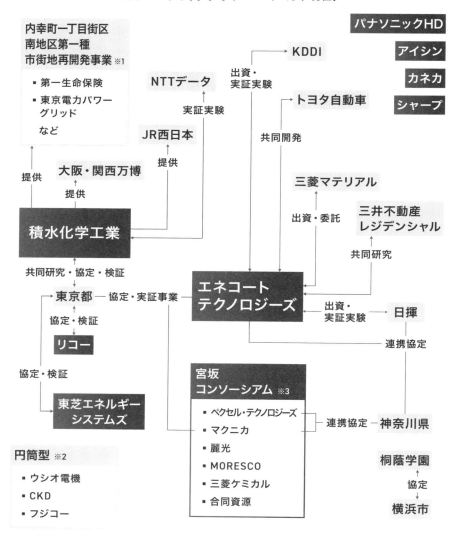

※1：都心最大級の延床面積約110万m²の開発プロジェクト ※2：ガラス管にフィルム型太陽電池を封入した製品
※3：桐蔭横浜大学の宮坂力特任教授が2023年10月に立ち上げたコンソーシアム

スペシャルドキュメント

ペロブスカイト太陽電池誕生

やがてビジネスとなった多くの科学技術がそうであったように、ペロブスカイト太陽電池もまた、とある研究室で産声を上げた。ただ、その背景に偶然や必然による数多くの人と人の交流があったことはほとんど知られていない。将来の巨大産業の〝種〟が生まれるまでの物語をここに再現する。

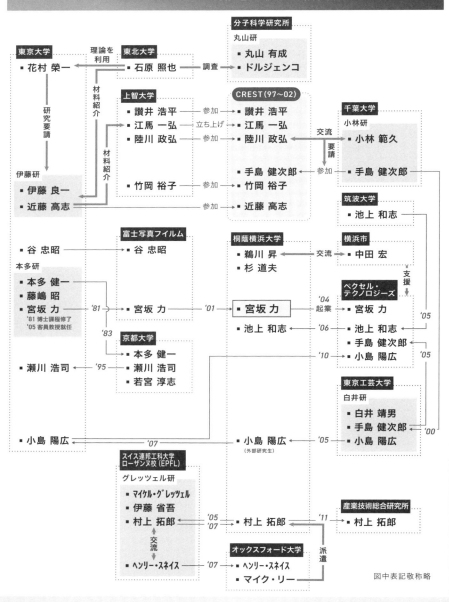

スウェーデンの中部にあるウプサラは、1477年に創立した北欧最古の大学「ウプサラ大学」のある町として知られる。その地で国際シンポジウム「Nobel Symposium（ノーベル・シンポジウム）」が開かれていた。2023年5月3〜5日のことだ。タイトルは『Efficient Light to Electric Power Conversion for a Renewable Energy Future（再生可能エネルギーの未来に向けた効率的な光電変換）』。次世代型太陽電池「ペロブスカイト太陽電池」を中心とした太陽電池の研究開発をテーマに、著名な研究者らがそれぞれ30分ずつ自身の研究内容を披露していた。
　シリコン太陽電池研究の権威であるオーストラリア・ニューサウスウェールズ大学教授のマーティン・グリーンや、色素増感太陽電池を生み出したスイス連邦工科大学ローザンヌ校（EPFL）教授のマイケル・グレッツェル。桐蔭横浜大学特任教授の宮坂力もまた、そこに招かれた1人だった。
　ノーベル・シンポジウムはノーベル財団が開催資金を提供し、ノーベル物理学・化学・経済学賞の選考機関であるスウェーデン王立科学アカデミーが、研究者による提案をもとに開催テーマを決める。このシンポジウムとノーベル賞に直接の関係はない。ただ、宮坂は物理学・化学分野で1年に2件程度しか採択されないと聞いたテーマに太陽電池が選ばれたこと、さらに、そのシンポジウムの話題の中心に自らの研究室で生まれたペロブスカイト太陽電池が据えられた意味を考えていた。

「スウェーデン王立科学アカデミーはノーベル賞の受賞対象としてペロブスカイト太陽電池を中心とした太陽電池の分野に関心があるのだろう」

　ペロブスカイト太陽電池は次世代型太陽電池の本命として世界が注目する。現在主流のシリコン太陽電池が40年以上かけて実現した発電効率25％を、10年ほどで実現した。薄くて軽く柔らかい、しかも安価に作製できる可能性があるため、脱炭素社会へのカギを握る技術として期待される。国内では、政府が量産化と産業競争力の強化を推進する方針を示している。

「ペロブスカイト太陽電池は人と人の交流なしでは生まれなかった」—。常々そう

語る宮坂は、ペロブスカイト太陽電池について講演を頼まれると、その交流のあらましを聴講者に伝える。ノーベル・シンポジウムでも同様だった。2023年5月3日14時。シンポジウム初日に登壇した宮坂は、その交流について太陽電池研究の権威やスウェーデン王立科学アカデミーの関係者らに語り始めた。横浜郊外の丘の上にある小さな大学で始まったその物語を──。（敬称略・所属と役職は当時）

Episode 1

宮坂研とペクセル・テクノロジーズ

着任の日

　2001年12月1日。桐蔭横浜大学大学院工学研究科の教授に着任した宮坂力は、キャンパスの南西に位置する技術開発センター4階の実験室で清掃を続けていた。超伝導を研究していた前任者の残渣だろうか。無機材料の残りカスがなかなか取り切れない。ただ、いつ終わるとも知れないその作業を続けながら、自分に与えられた実験室に胸は躍っていた。

「これからは誰にも左右されず自分で自由に研究を切り回せる」

　それまでの職場である富士写真フイルム（現富士フイルムホールディングス）は、東京大学大学院工学系研究科の博士課程を修了した1981年に入社し、20年間勤めた。東大の先輩で同社に勤めていた谷忠昭につないでもらった縁だったが、企業組織の研究者という立場には、入社早々にやりきれない思いを抱き始めていた。
　たとえ、研究者が成果を出しても、それが事業化への道を歩み始めると技術の説明の主導権は上司に移る。それでは、実際に実験で手を汚した人間の存在が希薄化してしまうと思った。また、企業では仕方のないことなのだが、研究テーマは人事ローテーションの名のもとに数年に1度変わる。特許は多数出願される一方で、研究の成果は世に出ていかずに終わってしまうことが多い。そのサイクルを何度か繰

り返すことで、宮坂の鬱屈(うっくつ)した思いは大きくなっていった。

「特許だけでなく、研究成果も自分の名で世の中に残したい」

　教授に着任する3カ月前。48歳を迎えた2001年9月10日を退社の日に決めた背景には、ちょっとした打算があった。勤続20年で退職金が上乗せされるのだ。「いつか辞めるのなら、そのタイミングを活用しよう」。そんな意志を抱きつつ、1年ほど前から大学に転職先を求めた。

　新天地となった桐蔭横浜大の名は、転職を意識するまで知らなかった。出会いは偶然、新たな研究テーマを探していた時だ。東大在学時に研究した、有機エレクトロニクスに関わる機能性超薄膜である「LB（ラングミュア・ブロジェット）膜」について研究の最近の進展を把握しようと、図書館で関連の論文を検索していたところ、執筆者に「杉道夫」の名を見つけた。東大在学時から尊敬しており、学会の場で交流を持っていた研究者だった。驚いたのはその所属先だ。『桐蔭横浜大学』。「桐蔭横浜大学というところに在籍しているのか。LB膜に関わる最先端の技術を研究する大学だから自分に合うだろうか。杉先生が所属する大学ならよいかもしれないな」

　桐蔭横浜大は、桐蔭学園の理事長だった鵜川昇が「ノーベル賞学者を輩出する」というキャッチフレーズを掲げ、桐蔭学園工業高等専門学校を母体として1988年に開学した。当時の資料には鵜川の「東大・京大の研究水準を抜く」という意気込みの言葉が残っている。

　図書館で桐蔭横浜大の存在を知った後日、宮坂は研究室の電話番号を調べて、杉に電話した。
「ちょっと転職を考えていまして」
　すると、杉は宮坂を覚えているようだった。
「もしうちの大学でそういった話があったら連絡しますよ」

それから約1年が経過した頃、実際に教授のポストが空き、杉が紹介してくれた。そうして、大学教授の職を掴んだ。ちなみに、教授会の審査で採用が最終決定するタイミングは11月だった。つまり、富士写真フイルムを退職した9月からの2カ月間は、大学の決定を待つ無職の期間を過ごしたわけだ。

　「採用が決まりましたよ」。杉からメールで届いた吉報に胸は高鳴った。それほどの高揚は1976年に東大大学院に合格した20代の時以来、人生で2度目の経験だった。

　東大大学院は光を研究したくて進学した。早稲田大学理工学部応用化学科4年で高分子化学の研究室に所属していた頃、研究室の合宿で光の勉強会に参加する機会があった。そこでの先輩の話が宮坂の関心を強く光に向かわせた。

「熱の力は銃弾、電気の力（電圧）は手りゅう弾。光はナパーム弾だ。ものすごいエネルギーがあって、比較にならない」

　大学院生として、森の中のように自然があふれ、野球場もある広々とした東大本郷キャンパスという憧れの場所で光について研究ができると決まった時の喜びは絶大だった。つまり、40代半ばを超えた宮坂にとって、大学に自分の研究室を持って光の研究を自由にできるということは、20代の青年が抱く憧れと同じだけの価値があった。

　転職活動では桐蔭横浜大以外に、慶應義塾大学や日本大学など著名な大学にも応募した。しかし、採用には至らなかった。その意味で、順風満帆な活動だったとは言えない。それでも20年以上が経過した今、宮坂は「桐蔭横浜大という場所に来てよかった」と振り返る。

　理由は2つある。1つは東京都町田市にある自宅から車を運転して20〜30分程度で通える場所のため、通勤時間が少ない分、研究により多くの時間を使えたと思うから。そしてもう1つは、その選択が結局は「ペロブスカイト太陽電池」の発見につながったからだ。

　もちろん、実験室の掃除を続ける2001年の宮坂は、まだ何も知らない。

人工網膜とペラペラの太陽電池

　桐蔭横浜大に自分の研究室（以下、宮坂研）を持つことが決まった時、宮坂はそこで取り組むテーマを2つ考えた。1つは光を感知するタンパク質（感光性タンパク質）を使って視覚のように光を検出する素子である「人工網膜」。もう1つは色素が光を吸収して電子を放出し、それを酸化チタンが受け取って電気を作る次世代型太陽電池「色素増感太陽電池」だ。どちらも富士写真フイルムで取り組んだ研究テーマだった。人工網膜の素子は、イメージセンサで取り込んだ画像がディスプレイで見られるし、太陽電池はその出力でモノが動かせる。応答が目に見えて分かりやすいため、学生が研究を楽しめると思った。

　色素増感太陽電池の研究こそ、ペロブスカイト太陽電池の誕生の礎になるのだが、宮坂の思い入れは人工網膜の方が強かった。富士写真フイルム在籍時にその素子作りに熱中し、自分一人で独自に作り上げたからだ。

「『バクテリオロドプシン（BR）』という面白いタンパク質があるんだ。どうだ。研究する気はあるか」

　人工網膜の研究は富士写真フイルムの先輩研究員である小山行一の一言から始まった。1990年頃だ。当時、富士写真フイルムは自社が持つ独自の分子を使った新規事業を立ち上げようと、バイオに強い研究者を集めた。そこに招集されたのが小山だった。

「BRはイスラエルの死海などに生息する菌から取り出せる感光性タンパク質。死海のように塩分濃度の高い環境で生きる菌を『好塩菌』と呼ぶ。好塩菌は光で呼吸をしており、光に対して多様な機能を持つ」—。小山の解説を聞いた宮坂は、それを使った光デバイスを作ってみようと考えた。

　小山は北海道大学大学院薬学研究科の出身で、BRの知識とともにそのタンパク質を決まった方向に配向する技術を持っていた。一方、宮坂は東大大学院の博士課程で教授である本多健一の研究室に所属していた頃、BRと同じ天然物である葉緑

素（クロロフィル）の分子を薄膜にして電極に固定したデバイスを作り、光を当てて電流を取り出す研究をしていた。

　このデバイスは色素増感太陽電池と同じ原理で、関連の成果をまとめた論文が1979年に英国科学誌『Nature（ネイチャー）』に掲載されている。本多研の兄弟子で「光触媒」の発明によりノーベル賞候補とされる藤嶋昭も「素晴らしい研究成果」と賛辞を惜しまない。そうした評価を得ていたことが、ペロブスカイト太陽電池の誕生を密かに支えることになるのだが、その話は後に触れる。

　小山と宮坂の話し合いは、2人のノウハウを生かしてBRを同じ方向に配向させた薄膜を作り、光を照射するとどのような機能が表れるかを調べる方向に落ち着く。そこで、実際にクロロフィルを電極に固定した時と同じ方法（LB法）でBRの薄膜を電極に固定したセルを作り、光を照射した。
「おっ、応答がある」
　電流計の針が動いた時の喜びは大きかった。が、デバイスへの応用を考えると「使えない」だった。応答といっても光が入射した瞬間に微弱な電流が流れるだけだ。一般的な光センサは光を当てている間はずっと電流が流れるが、BRで作ったデバイスの応答は一瞬でゼロに戻ってしまう。

　しかし、その印象はやがて覆る。応答をつぶさに観察すると、光を切った瞬間に電流が逆方向に一瞬流れる。つまり、光のオンオフで応答が切り替わる。この特性が気になり、関連しそうなバイオ分野の文献を調べたところ、動物の目の応答によく似ていることに気づいた。BRは目の網膜の中にある感光性物質「ロドプシン」と似た分子構造なのだ。動物の視覚神経は、入射する光量が変化した瞬間だけわずかに応答する。これにより、物体の動きの検出やわずかな明るさの違いを強調する機能（エッジ）を可能にしている。それと同じ応答を出すデバイスが、バクテリアがもつタンパク質を使ってできたのだ。
「これは面白い」
　もちろん、企業で研究を続ける以上は実用化の可能性が問われる。そこで、実用

化の出口について視覚を失ってしまった人に人工網膜を付与する外科的治療の手段に定め、イメージセンサ（人工網膜素子）を手作業で作り上げた。東京・秋葉原で抵抗やオペアンプといった部品を買い集め、256画素のLED表示パネルに電気応答を送るための電気配線を自らハンダ付けした。2～3カ月かけて作り上げたその装置は見事に動画とエッジ抽出の機能を再現した。
「きみ、よくこんなことをやるな」
　上司はその姿に呆気にとられていたが、宮坂はデバイスをたった1人でゼロから実現したことに満足していた。
「研究者人生で最も熱中したテーマでした」
　しかし、事業化の道は開けなかった。大企業が狙うには市場が大きくなかったからだ。
「企業である以上は稼げなければしようがない」
　宮坂はそう自分を納得させた。とはいえ、その時に生まれた悔しさは「大学に移りたい」という思いを強めた。

　それから11年後の桐蔭横浜大。宮坂研がある技術開発センター4階には小山が研究室を構えていた。教授のポストが1つ空き、宮坂が小山を推薦したのだ。当時、桐蔭学園の傘下にあった、近隣にある横浜総合病院の外科医と協力する体制も整えた。
　その外科医に相談したところ、補綴治療に利用できる可能性があるとして、犬を使って実験する方針が立った。ただ、宮坂は実験にどうしても踏み切れなかった。犬がかわいそうだと思ったのだ。
「医療への応用は、ほかのグループがきっと試してくれるだろう」
　そう期待して人工網膜の研究は2005年頃に幕を下ろした。後ろ髪を引かれながらの決断だったが、その頃には色素増感太陽電池を改良する研究で続々と成果を上げていた。また、人工網膜はデバイスの作成が困難で、学生にとっては色素増感太陽電池の方が取り組みやすかった。色素増感太陽電池の研究に集中しない理由はなかった。

色素増感太陽電池の研究室として「宮坂研」を一躍有名にした成果がある。2002年に発表した『低温成膜法による色素増感フィルム電極』だ。色素増感太陽電池の基板は一般にガラスが用いられるが、それをプラスチックフィルムに変えて作製することに成功し「薄くて曲がる」特性をもたらした。ペロブスカイト太陽電池もフィルム基板を用いて作製できるため薄くて曲がる特性が注目されるが、この成果はフィルム化の技術の原点となった。

　フィルムを用いた背景には遊び心があった。富士写真フイルムで取り組んだ当時、宮坂は色素増感太陽電池の実用性に懐疑的だった。効率は高いが、有機色素の安定性に課題を抱えていたからだ。とはいえ、仕事だから取り組まなければならない。そこで変わったことをしようと頭を捻った。

「せっかく"富士写真フイルム"で研究しているのだから、基板を曲げられる"フィルム"にしたらどうだろう。薄くてペラペラのフィルムが光発電するデバイスになったら用途が広がり面白いのではないか」

　富士写真フイルムでは性能が上がらずに終わったが、それを桐蔭横浜大で実現したというわけだ。

　ところで、色素増感は1970年代に始まった研究だが、これを使ったセルを太陽電池という名前にまで進化させた立役者は、スイスにいる。スイス連邦工科大学ローザンヌ校（EPFL）教授のマイケル・グレッツェルだ。

　グレッツェルは、酸化チタンの直径100 nm（ナノは10億分の1）以下の粒子がブドウの房状につながった膜「メソポーラス膜」を作り、光を吸収できる面積を500倍以上にした。その表面に可視光を吸収する「ルテニウム錯体色素」を付けることで、1％未満だったエネルギー変換効率を7.1％に高めた。その論文が1991年にネイチャー誌に掲載されると「グレッツェル・セル」として色素増感太陽電池の代名詞になった。このグレッツェルの研究室は、ペロブスカイト太陽電池誕生の物語においても、後に重要な役割を果たす。

ベンチャー創業

「大学発ベンチャーを作りませんか」―。宮坂の耳に桐蔭横浜大の学長である鵜川の意向が伝わってきたのは、フィルム型色素増感太陽電池の開発に成功した頃だった。横浜市では中田宏が市長に就任し、財政難に苦しむ同市を建て直す重点施策の1つとしてベンチャー創業支援を始めた。鵜川はそれを生かそうと、全教員に号令をかけているようだった。

鵜川は、大学は研究成果を積極的に収入化すべきと考えていた。著書『大学の崩壊―対談・この危機を救う道はあるか！』（IN通信社発行）でこう語っている。

「企業はすぐれた研究成果をのどから手がでるほど欲しているのである。こうした研究を進め、そこから収入を得る道を拓いていくことも、今後の日本の大学に求められるのではないだろうか」

また、中田と鵜川は教育論を議論し合うなど交流が深かった。中田が政策の前面に立っていたことは、鵜川が大学教員にベンチャーの立ち上げを促す後押しになったようだ。とはいえ、宮坂は当初、鵜川の働きかけに応答しなかった。
「20年も企業に勤めて辞めたのにまた企業人として働くのか。それはちょっと違うかな」
そう思ったからだ。しかし、ある日、研究室を訪ねた事業者の言葉を聞いて考えを改める。
「先生の研究で作られた太陽電池の計測装置は安くて性能がいいですよね。我々に作らせてもらえませんか」

「それなら自分たちで販売できるのではないだろうか。企業とはいっても今度は自分がトップになるから自由度がある。ほかの先生と比べたら企業に勤めた経験も生かせるはずだ。面白いかもしれない」
そうして宮坂は起業を決めた。光電気化学セル（Photoelectrochemical Cell）

から取り、光電気化学について専門に事業展開することを社名に示した「ペクセル・テクノロジーズ」（以下、ペクセル社）を2004年3月に立ち上げた。仕事始めに、フィルム型色素増感太陽電池の研究によって生み出した酸化チタンのペーストなどを企業や研究機関に販売すると、3月末ですぐに黒字化を達成した。

そこで、若い人材を入れて組織を活性化しようと考えた。思い切って日本化学会の学会誌『化学と工業』に研究者の公募を掲載したところ、数十人の応募があった。その中から「光」の研究に明るい2人を選んだ。筑波大学技官の池上和志と、東京工芸大学講師の手島健次郎だ。

宮坂は彼らと出会うきっかけとなったペクセル社の創業を「人生を大きく変えるトリガーになった」と後に振り返ることになる。

2人の若手研究者

『桐蔭横浜大学大学院工学研究科・特任研究員公募/色素増感を用いる光蓄電型太陽電池「光キャパシタ」の研究を担当するとともに、NEDOプロジェクトの特任研究員としてペクセル社にも所属し開発研究を推進、担当する』─。化学と工業誌2004年12月号に掲載されたその求人に、池上は望みをつないでいた。

大学関係の仕事を求めて就職活動をしていたが、採用に至らず2004年が終わろうとしている。「これが駄目だったらもう大学関係の仕事はあきらめようか」─。筑波大技官の任期満了が翌年3月に迫っていた。

池上は、高校時代に読んだ夏目漱石の『三四郎』をきっかけに研究者を志した。登場する大学の研究員が地下室で光の研究をしており、その姿に漠然と憧れた。だから進学した筑波大で研究室を選ぶ時は、暗い研究室を探し、有機光化学を専門とする助教授、新井達郎の研究室にたどり着いた。暗幕がかかり赤い電気が灯る暗室のような研究室で、自ら有機化合物を合成し、レーザー装置を使ってその光応答を解析する研究を続け、博士号を取得した。

その後、任期3年を務めた筑波大技官の仕事では中学生・高校生を相手に科学教

室の講師も務め、やりがいを感じていた。だから科学を教えられる大学の職であれば、文系理系を問わずに応募していた。その中で見つけたのがペクセル社の求人だった。

　色素増感太陽電池の研究で「宮坂力」の名はすでに有名だったが、池上は知らなかった。求人の専門分野として「物理化学」が記載されており、自分の知見が生かせると期待して応募した。数十人の応募者との競争を勝ち抜き、採用が決まった。

　ペクセル社で池上が初めに与えられた仕事は、光を当てて物質の特性を測定する「レーザー分光」のための装置の立ち上げだった。ただ、注文した装置はすぐに届かない。そこで池上は色素増感太陽電池を研究する宮坂研の学生のために、その性能を効率よく測定できるソフトウエアを作った。研究室には当時、シリコン太陽電池の性能を測定するソフトウエアしかなかった。学生たちはそれを使って色素増感太陽電池の性能を測定していたが、2つの太陽電池の特性の違いから、とても非効率な作業になっていた。

　ゴールデンウィークに自宅でプログラムを書き上げ、学生たちに提供すると「とても使いやすい」と喜んでくれた。それを見た宮坂が提案した。
「ペクセルの商品として販売したらいいよ」
　実際に6月に販売を始めたところ、注文が入った。その年だけで20社以上に納品した。池上は自分の能力をお金に換えられたことが新鮮で、やがて商品開発にのめり込んでいく。それから多くの商品を企画し、ペクセル社の売り上げを支えてきた。2009年に取締役に就任し、今や筆頭株主だ。この間、宮坂の薦めで桐蔭横浜大にも職を構え、講師、准教授を経て2020年には教授に就任している。

　一方、入社当時は生活が苦しかった。駆け出しのベンチャーだったペクセル社は、給与面などの待遇がよくなかった。
「妹の初任給よりも安い給料で『博士号まで取って何をしているのか』と父に怒られました。企業としての信用力が低いから賃貸住宅を借りるのには苦労しましたし、クレジットカードは作れなかったですしね」

それでもペクセル社を辞めたいと思ったことは一度もなかった。「目の前で研究している技術が世の中を変えるのだろう」。フレキシブルな色素増感太陽電池に、そうワクワクしていたからだ。
　当時のワクワクを思い出す時、池上の頭にはある情景が浮かぶ。2005年3〜9月に愛知県名古屋東部丘陵を舞台に開催され、2200万人以上が来場した万国博覧会「愛・地球博」。その展示エリアの一角にあった緑化壁だ。

　2005年7月某日の深夜。愛・地球博の会場は雨が降り続いていた。池上はペクセル社の同期である手島とともに裏口から会場に立ち入り、宮坂研から自動車の荷台に乗せて運んだフィルム型色素増感太陽電池を設置していた。30 cm角のそれを緑化壁の葉っぱと交わるように設置し、裏側に配線ケーブルを伸ばした。
　愛・地球博での展示は、桐蔭横浜大の教授だった涌井雅之が会場演出総合プロデューサーを務めていた縁で得た機会だった。ペラペラの色素増感太陽電池を緑化壁の植生する葉っぱと交わるようにセットするアイデアは宮坂の発案だ。
　翌朝、色素増感太陽電池を展示した緑化壁を確認した時、池上はその太陽電池に存在感を感じなかった。それが未来を思わせた。
「発電デバイスが、人間の生活に調和して溶け込んでいく世界みたいなものを感じました」
　2人きりで自動車に乗って現地に行った道のりは、池上と手島が打ち解ける機会にもなった。池上はもともと手島に嫉妬心を抱いていた。自分の専門は光化学で、宮坂が専門とする電気化学は畑違い。宮坂のもとで研究する内容も提案できていなかった。一方、手島は電気化学分野の大御所である千葉大学教授の小林範久の研究室出身だった。しかも、入社当時から宮坂のもとでどのような研究をしたいのか、具体的なビジョンを持っているように見えた。
　ペクセル社に入社してすぐの2005年4月だ。桐蔭横浜大に所属する若手研究者らが集まり、大学院生の前でそれぞれの研究を紹介する機会があった。池上はそこで過去の研究の話をしたが、手島はこれからの研究の話をしていた。

「宮坂研の色素増感太陽電池と、自分が発光特性を研究してきた"材料"を組み合わせられるのではないかと思っています」

　手島が研究してきたという材料を、池上は聞いたことがなかった。それは「ペロブスカイト」という名だった。

Episode 2
ペロブスカイトの研究

パイオニア

　「ペロブスカイト」は酸化鉱物の一種である「灰チタン石」のことで、1839年にウラル山脈で見つかった。その名はロシアの鉱物学者であるレフ・ペロブスキーに由来する。この鉱物が持つ独特の結晶構造を「ペロブスカイト構造」と呼ぶ。類似の構造を持つ物質はほかにもあり、多様な物質を合成して作成もできるため、それらを「ペロブスカイト」と総称するようになった。ペロブスカイト太陽電池において一般に用いられる、ハロゲン（ヨウ素や臭素など）を含む有機・無機複合のペロブスカイトは1978年に初めて合成された。その後、IBMの研究者だったデイビッド・ミッチ（現米デューク大学教授）が1990年代に網羅的に合成したことが知られる。

　では、これらの物質について日本で研究を始めたのは誰か。歴史を遡ると、2023年3月に東北大学理学研究科教授を定年退官した石原照也の存在に行き着く。

「ある意味、非常に怖いことでもあるような気がします」

　2023年3月10日。石原は通い慣れた青葉山北キャンパスの青葉サイエンスホールで教壇に立っていた。定年退官を間近に控えた最終講義だ。自身の活動を振り返るその講義で、1990年に発表した論文が辿った思いもよらぬ運命に触れた時に、口から出た言葉だった。

論文のテーマは「鉛系層状ペロブスカイトの光物性」。世界で初めて有機・無機複合ペロブスカイトの「励起子[※1]」を対象に研究を行い、その特異性を明らかにして執筆した2本目の論文だ。ペロブスカイトが太陽電池の材料として注目されたことを背景に、足元で引用件数が増え、30年以上も前の論文に関わらず、2021年は49件に上った。
　論文の執筆は時間に追われる。ほかの研究者との競争はあるし、ある時は指導する学生の学位取得に関わる。そのため、発表した後に内容について議論が不十分だったかもしれないと不安を残すことがある。長く読まれ続けるということは、それだけ長く内容を検証され続けるということだ。「怖い」という石原の言葉の裏にはそうした理由があった。ただ同時に、その言葉には誇りがにじんでいた。

　石原は高校時代に学問としての物理の面白さを意識し、東京大学の物理学科に進学した。研究室を選ぶ当時は素粒子に関心を持っていたが、その理論には歯が立たないと思って断念した。高エネルギー加速器を活用した実験を行う研究も考えたが、大型の加速器は肌に合わず、自分の手のひらサイズの世界を研究したいと思った。そうして選んだのが、光物性に関わる励起子などをキーワードに研究する助教授、長澤信方のもとだった。
　長澤研究室の2期生となった石原は、研究テーマとして原子や分子の層が積層してできた層状半導体である「ヨウ化水銀（HgI_2）」の光物性が与えられた。研究は順調に進み、博士号を取得したら企業に勤めようと考えていた。ただ、想定外の人事により、東北大の助手に就くことになる。1984年のことだ。
　まず、長澤研究室の助手だった三田常義が突然、まったく別の仕事を始めるために辞職し、そのポストに研究室1期生の桑田真が収まる。その1年後、長澤が従前、東北大で助手を務めていた研究室の教授だった上田正康が退官し、新たに後藤武生が教授に就任した時、長澤は助手の派遣を求められた。そこで、石原がそのポストに就くことになった。もし、三田の辞職がなければ、1期生の桑田が後藤の助手になっていた可能性が高かった。ちなみにこの桑田とは、後に東大総長となり、2024年6月現在は理化学研究所の理事長を務める五神真である。

東北大の助手になった石原は、後藤の研究テーマだったヨウ化鉛（PbI$_2$）の研究を始める。石原はこの研究の関連で博士号を取得するのだが、別の展開も引き寄せる。その頃、光物性に関わる新たな研究の方向として、2次元（平面）の構造を持つ化合物で生じる「量子井戸[※2]」の研究が盛んになっていた。主にガリウムヒ素をガリウムアルミニウムヒ素で挟んだ化合物の電子状態を調べる研究が行われていた。

　そこで、石原はヨウ化鉛をベースに2次元の有機・無機複合化合物の研究ができないかを思案し、物質の隙間にほかの物質を挿入する「インターカレーション[※3]」という手法を試みる。有機分子のグラファイトを挿入する手法をある研究会で聞いたことがあり、真似てみた。ただ、あまり上手くいかなかった。全体に無数のひびが入り光学測定に向かないのだ。これでは、研究対象にならないと考えた。

　しかし、その状況を打開する情報がもたらされる。情報源は隣の研究室で助手を務める高橋隆だった。
「分子科学研究所（分子研）の丸山有成先生の研究室で、鉛化合物を用いたインターカレーションをやっているよ」

　後藤と丸山はよく知っている仲だったため、後藤に連絡を取ってもらった。そして研究内容を聞き、その化合物を手元で調べて分かった詳細はこうだ。

　元々はウクライナ出身の研究者であるドルジェンコが、地元から分子研に持ち込んだ研究だった。ドルジェンコはヘキサンという有機分子が「ノニルアンモニウムヨウ化鉛ペロブスカイト：(C$_9$H$_{19}$NH$_3$)$_2$PbI$_4$」という層状物質にインターカレートし、結晶格子の単位格子の大きさを表す定数（格子定数）が変わったたことをX線散乱で確認した、という論文を書いていた。ただ、それは誤りのようだった。

　その後の研究によると、ドルジェンコの研究においてヘキサンにつけて取り出すと格子定数が変わった理由は気化熱によって温度が下がり、それによって物質が固体の状態を維持したまま結晶構造が変化する構造相転移が起きたためだったようだ。しかし、そもそも、石原の目的はインターカレーションではなく、2次元構造を持つ鉛化合物の研究だ。だから、その物質について研究しようと思った。それが、ペロブスカイトとの出会いだった。

それから石原は、ペロブスカイトに光を当てた時の励起子を調べた。2次元の化合物における量子井戸では励起子の束縛エネルギーが、3次元（立体）の構造を持つ同様の化合物に比べて4倍になることが、当時すでに知られていた。しかし、手元にあるペロブスカイトは2次元の場合、3次元のそれに比べてはるかに大きな束縛エネルギーが生じているようだった。なぜか。それを解明するために相談したのが、東大工学部物理工学科教授の花村榮一だ。花村は当時、量子井戸に関連して「誘電率閉じ込め効果[※4]」という理論を提唱していた。実際にその観点でペロブスカイトの励起子を調べた結果、その効果が影響していると結論づけられた。

　一方、この材料の実用性を石原はどのように考えていたか。電子と正孔が強く結びついており、発光効率が非常によい、つまりよく光るため、発光素子への展開を思い浮かべた。石原は1990年9月に米国ブラウン大学の客員研究員に就くのだが、そこではペロブスカイトに電流を流して発光させる研究にも手をつけた。しかし、太陽電池は一切念頭になかったという。太陽電池の材料としてはシリコンがよく知られているが、シリコンは光らない。つまり太陽電池は光らない材料でもできる。よく光る物質ならば、光らせる用途で利用すべきと考えていた。
　かくして1990年に発表した論文に対し、当時特別大きな反響があったわけではない。ただ、その研究過程で相談し、接点を持った花村との関係が次の展開を生み出す。渡米が近づいていたある日、花村と同じ東大工学部物理工学科の教授である伊藤良一から連絡があった。

「『ペロブスカイト』について教えてもらえませんか」

自己組織化

　東大本郷キャンパス工学部6号館にある伊藤の研究室。そこで研究室のメンバーと雑談していた助手の近藤高志は、突然やってきた花村の姿に驚いた。
「近藤さん。この化合物、合成できるでしょ」

花村が伊藤研に顔を出したのは、後にも先にもその1回きりだった。そもそも、教授がほかの教授の研究室を訪ねて、こんな研究をしてくれと依頼するケースは聞いたことがない。だから、花村が持ち込んだ化合物「ペロブスカイト」を知った1990年のある日に関する近藤の記憶は、その驚きのため、今も鮮明なままだ。

　東北大の石原がペロブスカイトの光物性を研究する過程で、花村が提唱した理論「誘電率閉じ込め効果」を用いたことは前に書いた。花村は石原を通してペロブスカイトを知った時、それを自身の理論を実証する格好の材料と捉えたようだ。近藤は「誰かに実証して欲しいと考える中で、身近で光を研究していた我々に研究を持ちかけたのでしょう」と推察する。

　近藤は東大に進学し、専門を決める際に「なんとなく」物理工学科を選択した。父親は企業でエンジニアを務めており、化学を専門にしていたから、それとは違う分野を研究したいと思った。研究室は後に「高温超伝導」で有名になる教授、田中昭二のもとを選び、鉛とビスマスの酸化物（鉛ビスマス酸バリウム：BPBO）の超伝導体を研究した。それをテーマにした卒業論文を1986年春に書いたが、BPBOの転移温度は最高13K（ケルビン）と低く、高温超伝導体[※5]としては使い物にならないと考えた。

　ちなみにBPBOもペロブスカイト構造を持つが、酸化物だ。花村が持ち込んだペロブスカイトはハロゲン化物で、BPBOのような酸化物とは物性がまったく異なるため、花村がペロブスカイトを持ち込んだ際にBPBOを想起することはなかった。

　近藤はBPBOの研究を通して、もっと世の中で使える成果を出す研究室に移りたいと考えた。そこで修士課程に進む際に、半導体レーザーを専門とする伊藤の研究室を選んだ。それが光の研究との出会いになった。

　花村がペロブスカイトを持ち込んだ1990年当時、伊藤研では「非線形光学材料[※6]」を研究していた。その中で、ペロブスカイトは新しい材料と捉えられ、近藤は研究対象として面白いと考えて、すぐに飛びついた。それから伊藤が石原に連絡を取り、東大の伊藤研でペロブスカイトについて解説してもらうことが決まった。

Episode 2　ペロブスカイトの研究

「あの人は闘士だね」
　ペロブスカイトについて詳しく解説してくれた石原が東大の伊藤研を去った後、伊藤研の助手だった小笠原長篤は漏らした。横にいた近藤はそれに頷いた。自ら新しい材料を見つけて研究し、そこで得た知見を独占せずに開示する姿勢に、尊敬の念を抱いていた。
「光物性の研究者は、昔からある材料について細かい部分を研究し続けるものです。石原先生の元々の研究対象だったヨウ化鉛も昔から研究されており、光物性研究の分野では代表的な半導体でした。そこに新しい要素を持ち込んだ事例は、それ以降もあまり聞いたことがありません。ペロブスカイトという海の物とも山の物とも分からない材料を研究対象に据えた判断は、アグレッシブだと思いました」

　近藤がペロブスカイトの研究を始めて、まず驚いたのは「自己組織化」の力だ。ペロブスカイトは、有機物と無機物を溶媒に溶かして混ぜた溶液を基板にたらし乾燥させると、しっかりした構造が自動的に形成される。特に2次元構造のペロブスカイトは、有機物の層と無機物の層がきれいに積層した量子井戸を作る。無機物が井戸層となり、光を当てると束縛エネルギーの大きな励起子が表れる。
「半導体は一般に、高温プロセスでお金をかけないとよい試料ができないという世界。その中で、ペロブスカイトはビーカーとフラスコを使って、ほとんど常温で合成できてしまうので非常に驚きました」
　一方、ペロブスカイトを使った花村の理論「誘電率閉じ込め効果」の実証に向けては、近藤らが持たない知見が必要になった。花村の理論では光物性の1つである「非線形屈折率」において巨大な非線形性が予言されており、近藤らの実験でそれが示唆された。そこで、実際に非線形屈折率の値（NR/ノンリニア・リフラクティブインデックス）を測定したいと考えたが、その測定手法は扱っていなかった。

　突破口は意外と近くにあった。舞台は1996年にハワイで開かれた非線形光学に関する国際会議だ。上智大学助教授である江馬一弘の研究室が、高分子を対象にNRを使った研究成果をポスターで発表していた。

「江馬さんはNRを使った研究をしているのか」

　近藤にとって江馬は、東大物理工学科の3歳年上の先輩で、テニス仲間だった。近藤が学生だった当時、東大物理工学科にはテニス好きの集まるコミュニティーがあった。花村が月に1度の練習会や合宿などを企画しており、その場で交流して仲良くなっていた。近藤は国際会議の会場で江馬に声をかけた。

「面白い材料があるんです。一緒に研究しませんか」

CREST

　江馬は東大物理工学科で学んでいた時、光産業の未来に魅力を感じ、光の研究を志した。ただ、大学4年時の配属では希望が通らず、「破壊」の研究室で光ファイバーを実現するガラスの強度について研究した。そうして博士号を取得したが、やはり光を研究したいと思った。1986年に就いた助手のポストで原子分光を専門とする教授、清水富士夫の研究室に移り、1994年には上智大助教授に着任した。

　江馬は上智大に移る際、1つの目標を持っていた。「新しい場所に行くのだからそこの先生と共同研究をしよう」。そこで高分子研究の大家で、以前から名前を知っていた教授、緒方直哉の研究室のドアを叩いた。高分子に高い関心があったわけではないが、緒方研究室は論文を積極的に出しており、惹かれた。
「着任したばかりの若造でしたが、ぜひ一緒に研究してくださいとお願いしました」
　提案は好意的に受け入れられた。そして、高分子ポリマーにおける「3次の非線形光学効果[※7]」に関する共同研究に手をつけた頃に、科学技術の新たな種を生み出す基礎研究について、国の戦略のもとで推進する大型事業が始まる。「CREST（戦略的創造研究推進事業）」だ。江馬は大きな予算がつくため、せっかくだから手を上げようと、上智大教授の讃井浩平や助手の陸川政弘らとチームを組み、初回公募に参加した。しかし、「有機物の非線形光学効果」をテーマに据えた提案は特徴がなかったためか、わずか4％の採択率の壁に跳ね返され、あえなく落選した。

「面白い材料があるんです。一緒に研究しませんか」
　江馬にとっては、東大物理工学科の後輩でテニス仲間の近藤にそう紹介された材料が「ペロブスカイト」だった。
　実はペロブスカイトの名は聞いたことがあった。東北大の石原がその光物性を1989〜1990年に報告しており、論文の存在は知っていた。ただ、当時は「変わった材料を扱っているなあ」と思った程度で、研究対象としては興味を持たなかった。しかし、近藤に紹介されて改めて興味を抱いた江馬は、試しに取り扱ってみようと決めた。

「これはすごい」
　江馬がペロブスカイトの特性に惹かれるまでに時間はかからなかった。3次の非線形光学効果を調べると、とてつもなく大きな値が確認できたのだ。
「それまで高分子ポリマーの中でも3次の非線形光学効果が大きい化合物を探していましたが、ペロブスカイトはそうした化合物に比べても桁違いに大きかったのです。その値なら、光スイッチなどへの応用の可能性が見えてくると感じました」
　もう1つ、江馬を惹きつけたペロブスカイトの特性があった。近藤も驚いた「自己組織化」だ。
「特別な技術や装置がなくても、また、何も知らない学生でもレシピ通りに実践すればきれいな量子井戸構造の化合物を作ることができる。貴重な材料だと感じました」

　一方で江馬は、CRESTの枠組みで研究したい思いを変わらず持っていた。そこで1997年2〜3月に行われた第3回公募の提案に向け、ペロブスカイトに白羽の矢を立てた。『自己組織化量子閉じ込め構造』をタイトルに、ペロブスカイトの光物性を研究する提案をした結果、974件の応募から選ばれた60件に名を連ねた。こうして、量子井戸構造を持つ2次元を中心としたペロブスカイトの光物性について調べる大型の研究が始まった。
　研究メンバーは代表者に讃井を据え、近藤や陸川、緒方研出身で東大の博士課程に進学した竹岡裕子らのほかに、2年目から科学技術振興事業団（現科学技術振興

機構/JST）所属の若手研究員が参加した。それが、後に桐蔭横浜大学の宮坂力が起業するペクセル・テクノロジーズに入社する手島健次郎だった。

Episode 3
きっかけ

面白い発光特性

「光が関係するテーマだし、面白そうだな」—。千葉大学大学院の博士課程で学んでいた手島健次郎は、指導教官である小林範久の声かけを二つ返事で了承した。それは1997年頃、CRESTの研究チームへの参加要請だった。上智大学教授である讃井浩平をリーダーに、有機・無機複合化合物の光物性を研究するという。その化合物の名は「ペロブスカイト」と聞いたが、手島にとっては海の物とも山の物ともつかぬ材料だった。

手島は写真を撮ることが好きな青年だった。その写真への関心から、1989年に千葉大工学部画像工学科に進学した。大学4年で導電性高分子を専門とする小林の研究室に配属され、「導電性高分子の光重合」をテーマとして与えられた。光照射によって重合反応を起こし、導電性高分子を生成する研究だ。導電性高分子は電気を流すと、酸化還元反応により物質の色や光学特性を制御できる。「エレクトロクロミズム」と呼ばれる現象で、現在は電子書籍の端末や電子ペーパーなどに応用されている。

この研究が偶然にも、太陽電池との接点を生む。導電性高分子は、単に光を照射しても反応は起きない。ただ、金属-炭素結合を含む錯体「有機金属錯体」を触媒に使うことで、重合反応が起きる。手島はその触媒として「ルテニウム錯体」を使っていた。

スイス連邦工科大学ローザンヌ校（EPFL）教授のマイケル・グレッツェルが

Episode 3　きっかけ

　1991年に色素増感太陽電池（グレッツェル・セル）を考案したことは前に触れた。このグレッツェル・セルが高い変換効率を実現した背景には、2つの要素があった。酸化チタンのナノ粒子がブドウの房状につながった膜「メソポーラス膜」の作製と、その表面に可視光を吸収する「ルテニウム錯体色素」を付着させたことだ。
　その論文を読んだ手島は自身の研究で使っていた「ルテニウム錯体」という材料が太陽電池の変換効率を高める役割を担っていると知り、感銘を受けた。

　CRESTに手島が参加した背景には、小林と上智大学の陸川政弘との縁があった。小林と陸川は学生時代からともに固体電解質を扱っており、学会で交流していた。ある日、陸川から若い研究者の紹介を求められ、小林は手島を紹介した。小林が振り返る。
「手島が博士課程を終える頃だったので、ちょうどよいタイミングだと思って推薦しました。手島はコツコツと地道に研究を重ねるタイプで、論文も積極的に書いていましたし、外に出ても競争できる研究者だと感じていました」
　CRESTの研究に参加した期間、手島は科学技術振興事業団の研究員を経て、2000年に東京工芸大学工学部助手、そして講師になる。東京工芸大では教授である白井靖男の研究室に所属した。CRESTでは当初、1次元（線）構造を持つペロブスカイトを生成する役割を任され、東京工芸大に着任してからは2次元構造を持つペロブスカイトの発光特性を研究していた。

　研究は面白かった。ペロブスカイトは東京大学の近藤高志や上智大の江馬一弘も魅了した「自己組織化」の力を持っており、有機物と無機物を混ぜた溶液を基板にたらして乾燥させることで、しっかりした構造が自動で生成される。また、有機物や無機物の中身やそれぞれの配分を変えると、生成する結晶の色が変わる。そうして一瞬でできた結晶に紫外線を照射すると、強く光った。
「ペロブスカイトの組成は無限に組み合わせがあります。そして少し組成を変えると、発光特性が変わる。とても興味深い材料だと思いました」
　一方、その頃、手島は白井研究室で色素増感太陽電池も研究していた。グレッ

ツェルの論文をきっかけに関心を持ったためで、本人曰く「あくまで興味本位」だったのだが、その研究に目を輝かせる学生がいた。

太陽電池に憧れた学生

　小島陽広が太陽電池に関心を持ったきっかけはソーラー電卓だった。「電池交換なしでずっと動作し続ける。このすごい動力がもっと世の中に広がればいいのに」――。幼少期に抱いたそんな思いは、光を網羅的に学べる東京工芸大工学部光工学科に進学する礎になった。だから研究室への配属を意識し始めた頃、白井研究室に目を引かれたのは必然だった。太陽電池を研究していたからだ。

　しかし、希望通り白井研究室に配属されたはずの小島に、不運が待っていた。「あくまで興味本位」だった太陽電池の研究は、すでに終わっていたのだ。小島は途方に暮れ、代わりのテーマ選びを始める。研究室の先輩たちによる卒業研究の発表を聞き、気になるテーマはすぐに見つかった。それが「ペロブスカイトの発光特性」だった。

「太陽電池の研究ができなくて残念でしたが、光そのものに興味がありました。虹はなぜあのように見えるのか。ステンドグラスはきれいだな、とか。ビックリマンチョコのシールのホログラムも。光が織りなす現象全般に関心を持っていました」

　かくして、手島を指導教官として小島はペロブスカイトの光学特性の研究を始める。駆け出しの研究者だから、ペロブスカイトと言われてもよく分からない。しかし、研究は面白くてしかたがなかった。その面白さを支えたのがやはり自己組織化の力だった。駆け出しの研究者でも、しっかりとした構造の結晶を生成できるのだ。「なぜこれほど面白い結晶が簡単にできるのか。それを作る作業は常に新鮮でした」

　その研究の面白さは、小島に大学院への進学を意識させた。「大学4年生と大学院生の卒業発表はレベルが違う。大学院に進学して学会発表をこなしてきた人の発表は堂に入っている。自分も大学院に進学したら、そんな発表ができるだろうか」。研究者としてさらに成長したいという思いも重なり、進学を決断した。

一方、小島が大学4年生だった2004年度は、手島にとって東京工芸大における任期5年の最後の年だった。つまり、翌年度には所属先を変える必要があった。そうして転職先を探していた2004年の終わり頃、手島は日本化学会の学会誌『化学と工業』で、ペクセル社の求人を見つけた。色素増感太陽電池の研究ですでに有名だった「宮坂力」の名は知っており、その先生が立ち上げたベンチャー企業の研究員という仕事にそそられた。グレッツェルの論文によって生まれた太陽電池に対する関心も後押しした。

　小島にとっては指導教官が転任するという、またしても不運と思われる展開なのだが、手島がペクセル社に移ったことで、ペロブスカイトと色素増感太陽電池の研究環境との接点が生まれた。そして、その2つを組み合わせる研究が始まる瞬間は刻一刻と近づいていた。

接点

　「色素増感太陽電池の研究で有名な教授が来る。とんちんかんなことを言ったらどうしよう」—。東京工芸大大学院に進学した小島は緊張していた。2005年夏、神奈川県厚木市にある同大厚木キャンパスの会議室。桐蔭横浜大から宮坂を迎え入れ、東京工芸大教授の白井やペクセル社に仕事場を移していた手島とともに、東京工芸大と桐蔭横浜大による共同研究について話し合っていた。その席で、色素増感太陽電池の知見をベースに、ペロブスカイトを使った太陽電池を研究する方針は固まった。

　もっとも、この日のことについて、宮坂や手島は覚えていないという。ただ、いずれもこの頃からペロブスカイトを使った太陽電池を研究するため、小島が宮坂研に外部研究生として出入りを始めたと記憶している。では、その具体的なきっかけはどのように生まれたのか。

　小島は、手島がペロブスカイトを使って太陽電池を作るアイデアを元々持っており、かつ太陽電池の研究に小島が強い関心を持っていたことから、ペクセル社への

転職をきっかけに、小島がペロブスカイト材料を使った太陽電池を研究できるように環境を整えてくれた、と認識する。手島と同じ2005年4月にペクセル社に入社した池上和志も「ペクセルに入社したタイミングで、手島さんはすでにペロブスカイトを使った太陽電池の研究が念頭にあったのでは」と証言している。

　当の手島は「ペロブスカイトを対象に研究テーマの幅を広げたい思いはあり、元々興味があった色素増感太陽電池に上手く使えないかな、と漠然と思っていました」と振り返る。また、ペロブスカイトについては「組成の条件に依存しますが、よく光り、発光寿命が長い印象がありました。発光寿命が長いということは電子と正孔が分かれた状態で、長い時間存在できるということです。そのため、電子を外に取り出せる（太陽電池の材料として機能する）のではないかというイメージはありました」と当時の印象を答えている。一方で、「ペクセルへの転職を検討したり、入社を決めたりした背景に、ペロブスカイトを使って太陽電池を作ろうという意図はありませんでした」とも説明する。

　ペクセル社は当時、新エネルギー・産業技術総合開発機構（NEDO）の「光充電型色素増感太陽電池」プロジェクトを受託しており、手島はその特任研究員として入社した。そのため「入社後も、ペロブスカイト材料を使った太陽電池を自らが研究する考えはありませんでした」と語る。あくまで、指導していた学生の小島が太陽電池の研究に強い関心を持っていたことから、宮坂研究室をつないだ認識だという。

　宮坂はペロブスカイトとの出会いをこう記憶している。
「手島くんに『太陽電池の研究に関心がある学生がいるので会って欲しい』と頼まれて紹介されたのが小島くんでした。その時、小島くんに『ペロブスカイトという材料でとてもよく光ります』と紹介されました。初めて聞く材料だったので、よく分からないというのが正直な感想でした。ただ、手島くんが指導してきた研究テーマなので、チャンスを与えてもいいだろうと考えました。研究室では元々、学生の交流を積極的に行っていましたしね」

　きっかけを断言することは難しいが、手島がペクセルに転職したことで、色素増

感太陽電池の研究環境とペロブスカイトの接点は生まれた。そして元来、学生同士の交流に積極的だった宮坂が手島の提案を受け、小島を研究室に迎え入れたことで研究は始まった。小島は宮坂研で色素増感太陽電池の作り方を習い、やがて色素をペロブスカイトに置き換えた太陽電池の作製を始める。

電流計の針が動いた

　電流計の針は確実に動いていた。
　太陽電池を組成すると、ペロブスカイトが電解液に溶けてすぐに駄目になってしまう。ただ、組成したその一瞬ではあるのだが、電圧は上がり、電流が流れたことを小島は確認した。ペロブスカイトを使った太陽電池の作製を始めて、そう時間は経過していなかった。わずかな期間で得られた成果だったため、小島は嬉しさと同時に色素増感太陽電池の器の広さを感じたという。
「太陽電池の研究に憧れていた自分にとって、これほど面白いことはありませんでした。ただ当時は、色素増感太陽電池の仕組み自体も深く理解していなかったこともあり、仮にペロブスカイト以外の材料で試しても同じように発電するものなのかな、とも思いました」

　発電性能の正確な評価（I-V曲線／太陽電池が実際に作動している状態での電流Iと電圧Vの関係をグラフ化したもの）も、宮坂研の測定装置を使って記録できた。手島は、その報告を受けた時のことを覚えている。
「ペロブスカイトは電解液にすぐに溶けてしまうので、まともにI-V曲線を測定できません。測定できたデータを見せられた時は、すごいなと思いました」
　宮坂への報告は、研究室における2カ月に1度の報告会の場だった。宮坂が当時を振り返る。
「人工網膜の素子で研究した感光性材料でも応答が得られていたくらいですから、ペロブスカイトもなんらかの応答はあるのかもしれない、と思っていました。ただ、それでも難しい材料とは思いました。やはりとても不安定で、色素増感太陽電

池に比べると変換効率も見劣りしていましたから」
　それから、小島はペロブスカイトに適した電解液の探索や、ペロブスカイトの原料の組成やその比率の最適化を進めていく。いかに安定性を高めるか。変換効率の向上も、大きな課題だった。

　東京工芸大厚木キャンパスにある10号館の実験室で、小島は黙々と実験を進めていた。小島は太陽電池を研究する前、2次元構造のペロブスカイトにおいて、平面が2層重なった場所や3層重なった場所、4層重なった場所などがランダムに混じることで表れる光物性を調べていた。だから、太陽電池を作製する際も層厚がランダムに混じった2次元のペロブスカイトの膜を用いていた。そうした研究を通して、ある考察が浮かんだ。
「今でも正しいかどうかは不明なのですが、電子と正孔は層厚が厚い場所に移動し、再結合して発光するイメージを持っていました。層厚が厚い場所に電子と正孔が落とし込まれるなら、平面の『層』が重なったものではなく、いっそ3次元構造を用いた方がよいのでは、と考えました」
　小島が実験の状況を逐一伝えていたという手島は、太陽電池向けとして3次元の方が優位かもしれないと感じた別のきっかけを記憶している。
「ペロブスカイトの組成において（有機物である）メチルアミンの割合を増やすと3次元構造ができやすくなり、同時にメチルアミンの割合が多いほど変換効率がよさそう、という実験結果が出ていました」
　その後、小島は3次元の方が、吸収する光の波長が広いといった報告などを既存の論文で確認し、太陽電池の構成に3次元のペロブスカイトを用いるようになる。

　ここで手島がペロブスカイトと出会ったCRESTを思い出してほしい。研究対象の中心は量子井戸を構成する2次元のペロブスカイトで、量子井戸が自動的にできる面白さに着目しつつ、その量子井戸における光物性を調査することに主眼が置かれていた。3次元のペロブスカイトは、主にその比較対象と捉えられていた。その流れを受けた小島も2次元のペロブスカイトの発光特性を研究し、だからこそ、太

127

陽電池を構成する際もそのまま2次元のペロブスカイトを使っていた。
　ペロブスカイト太陽電池といえば、今では3次元のペロブスカイトを用いるのが一般的なのだが、小島の研究における2次元から3三次元への飛躍は、1つのブレークスルーだった。
　小島はこうした研究を通して、色素の代わりにペロブスカイトを用いて太陽電池を機能させられるという一定の成果を出し、近く開催される学会でそれを発表することになった。東京都八王子市の首都大学東京（現東京都立大学）で開かれる第73回電気化学会が、デビューの場に決まった。

世界初？

　小島は極度の緊張に襲われていた。2006年4月1日、首都大学東京南大沢キャンパスで電気化学会の第73回大会が開かれていた。小島にとっては多くの研究者らに注目される中で、自身の研究成果を発表する初の舞台だった。ただ、緊張の理由は初舞台だからというだけではなかった。

「もしかして、世界でまだ誰もやっていないのか」—。学会では、色素増感太陽電池において色素の代わりにペロブスカイトを用いて組成し、確認した電池特性を報告しようとしていた。小島はその発表資料をまとめるにあたり、過去の文献を調べた。ペロブスカイトを用いた太陽電池の事例は、すでにどこかで報告されているだろうと考えていた。しかし文献をいくら探しても、そうした事例は見当たらなかった。それが緊張を増幅させた。
「自分がこれを発表したら、どんな反応が返ってくるのだろうか」

　『ハロゲン化鉛系化合物を可視光増感剤に用いた新規光電気化学セル（1）』—。そう題した発表はわずか10分足らずで終えたと記憶しているが、自分がどのように話したのか、緊張でほとんど覚えていない。それに新しい試みではあったものの発電効率はわずか1％台と低く、安定性も欠いていたためか、会場から特に大きな

反応はなかった。それでも、まずは無事に発表を終えたことに小島は安堵していた。
「面白い研究をしているね」
　そう会場で声をかけられたのは、発表を終えた後だった。

　スイス連邦工科大学ローザンヌ校（EPFL）に博士研究員として在籍していた伊藤省吾は、首都大学東京南大沢キャンパスで苛立っていた。いろいろな研究者が色素増感太陽電池に関する研究成果を発表しているが、どの発表にも食指は動かない。その中で登壇した、初々しい学生の発表が気になった。それが、色素の代わりにペロブスカイトを用いて電池特性を確認したという小島の発表だった。
　伊藤も当時、色素増感太陽電池を研究していた。ただ、変換効率は上がらず、耐久性にも課題があった。色素に限界を感じて、それに変わる材料として主に硫化物を探索していた。だから、自分の知らぬ材料である「ペロブスカイト」を用いたという発表を面白く感じて、会場で声をかけたのだった。

　伊藤は京都大学の学部生だった1990年代にアフリカ大飢饉のニュースを目の当たりにして、太陽電池の研究を志した。多くの若者が青年海外協力隊としてアフリカに向かい、井戸を掘るといった作業をしたが、伊藤はもっとしっかりした生活インフラを作りたいと考えた。友人に借りた本を読んで、水力や風力、波力などの新しいエネルギーを調べた結果、最も可能性を感じたのが太陽光だったという。
　ただ、石油化学科に入学していたため、太陽電池の研究室という選択肢がなかった。そこで「人工光合成」を研究する清水剛夫のもとを選んだ。人工光合成も太陽エネルギーを扱う技術だからだ。その後、東大大学院に進学し、教授である渡辺正の研究室で有機半導体の薄膜を発電層に用いる「有機薄膜太陽電池」を研究する。さらに、東大を中退する形で籍を移した大阪大学教授の柳田祥三のもとで色素増感太陽電池に取り組んだ。それから、地球環境産業技術研究機構（RITE）の研究員を経て、2003年2月からEPFL教授のマイケル・グレッツェルの研究室に在籍していた。
　前にも触れたが、グレッツェル研はペロブスカイト太陽電池をめぐる物語におい

て、後に重要な舞台となる。そのため、伊藤がグレッツェル研に職を得た背景やそこで残した成果は後に語る。

さて、電気化学会での発表を終え、安堵した小島は伊藤に声をかけられてとても嬉しかったという。
「不安を抱きながら行った発表に『面白い』と言ってくれる方がいて、研究者としてとても励みになりました」
　そうして小島は、その励ましも糧に次の道に進もうと考えていた。修士課程を終えたらペロブスカイトを使った太陽電池の研究からは離れ、企業の研究者として生きる道だ。小島はその頃、就職活動の真っ只中だった。採用面接ではペロブスカイトの話はアピールしなかった。よく分からない材料だし、理解してもらうのが難しいと思った。ペロブスカイトを使った太陽電池の研究は、学会発表をやりきったことで一定程度、満足しており、博士課程に進み、研究を続ける考えはなかった。こうしてペロブスカイトを使った太陽電池の研究の火は、静かに消えようとしていた。

Episode 4

誕生

プレッシャーとポテンシャル

　小島陽広はペロブスカイトの「プレッシャー」と「ポテンシャル」の狭間で揺れていた。

「博士課程に進むとした場合、卒業のための博士論文がしっかり書けるだろうか。ペロブスカイトを使った太陽電池という世界で初めての成果かもしれない技術をテーマに執筆し、もしほかの研究者が追試できない事例が重なったら先生たちに迷惑をかけてしまう。自分がペロブスカイト太陽電池を公知の技術にするのだろうか。誰かがすでに保証している技術だったら、どれほど気が楽だったろう」

「ペロブスカイトを使った太陽電池の性能はもっと伸ばせるに違いない。測定すれば、吸収する光の波長がとても広いことは分かる。あとはどれだけの効率でその光を吸収させられるか。いろいろな研究者が扱えば、もっと性能は上がるはずだ。自分の能力の限界で止めてしまっていいのか。論文を残して多くの研究者に知ってもらうべきではないか」

宮坂力や手島健次郎は、大学で研究を継続するよう小島を説得していた。仮に、小島が就職してしまったら研究を引き継ぐ学生はおらず、その研究が途絶えてしまうからだ。そうした説得を受けて、小島にとってのプレッシャーはやがて「責任感」に変わり、博士課程への進学を決めた。自分が関わった面白い研究を、論文の形で残すことを決意した。

ところで、宮坂が小島に博士課程に進むよう説得する材料に用いたものが、1つある。東京大学大学院という研究環境だ。宮坂は桐蔭横浜大での教授職に加えて、2005年に東大大学院総合文化研究科に客員教授の職を得ていた。そこでは研究室を持ち、学生を所属させることができた。ただ、東大での研究室紹介の場に出向き、学生を集めようと試みたものの、普段から授業をしているわけでもない宮坂の研究室を東大生は希望しない。そうした経緯もあり、小島に声をかけたのだった。
「東大の学生にならないかい。東大だよ。学費安いよ」

小島は博士課程に進学した最大の決め手については「研究の面白さ」と語った上で、東大大学院への進学を勧められた時の受け止めをこう振り返る。
「東大のブランドは正直プレッシャーでした。ただ、学費の面は助かりますし、装置は充実しており、人脈も広がって研究を底上げできるかもしれない期待があり、魅力を感じていました」

ペロブスカイト太陽電池の誕生に至る道のりをたどると「ここでこれがなかったら」といった「たられば」の瞬間に多く出くわす。宮坂が東大客員教授の職を得ていたこともまた、その1つとして語ることができる。「もし宮坂が東大の客員教授になっていなければ、ペロブスカイト太陽電池は生まれなかったかもしれない」

と。ペロブスカイト太陽電池の誕生を密かにアシストした、宮坂が東大客員教授の職を得た背景には、宮坂が東大の本多健一研究室に所属した博士課程時代に執筆し、1979年にネイチャー誌に掲載された論文がつないだ縁があった。

「東大の客員教授になりますか」―。東大の助教授だった瀬川浩司は、JR渋谷駅に向かうバスに同乗していた宮坂にそう声をかけた。2004年1月のことだ。光触媒や色素増感太陽電池などを研究テーマにした、文部科学省科学研究費助成事業の特定領域研究「光機能界面の学理と技術」の全体会議が大学のキャンパスで開かれ、メンバーだった2人はその帰路についていた。「桐蔭横浜大の研究室ではなかなかよい学生が取れないんですよ」。そうぼやく宮坂に、瀬川が思わず声をかけたのだった。

瀬川にとって宮坂は、本多研の先輩だった。本多は東大を定年退官した後、京都大学教授に着任した。瀬川は、企業で大型風車の研究開発に携わっていた父親の影響などで、エネルギー分野に関心を持ち、光化学を研究しようと京大で本多に師事した。そこで、光触媒で水素をつくる研究や光合成のメカニズムを探る研究などに注力し、宮坂が博士課程時代に執筆した論文を読んで学んだという。

瀬川はその後、京大助手を経て1995年に東大助教授に就く。それから、宮坂にとって本多研の兄弟子にあたる藤嶋昭をリーダーとした、前出の特定領域研究が2001年に始まり、瀬川はその事務局を任された。つまり、特定領域研究「光機能界面の学理と技術」は、宮坂にとって兄弟子がリーダーを、弟弟子が事務局を務めるプロジェクトだった。このメンバーに桐蔭横浜大で研究室を立ち上げたばかりだった宮坂が入った背景には、そうした縁があった。瀬川が説明する。
「宮坂先生を高く評価していた藤嶋先生の意向もあり、特定領域研究のメンバーに入ってもらいました。宮坂先生は色素増感太陽電池の研究で成果を出していましたから、この分野を盛り上げる上で、しかるべき予算を付けた方がいいという判断がありました」

東大客員教授の誘いに、宮坂は二つ返事で乗る。しかし、その選抜は宮坂とある

研究者を巡って競争が激しかった。瀬川は感慨深げに当時を振り返る。
「もし選抜投票で宮坂先生が負けていたら、ペロブスカイト太陽電池はなかったかもしれませんね」

いずれにしても宮坂は東大客員教授の席を得て、結果的に小島がペロブスカイトを使った太陽電池を研究するための、よりよい環境は整った。ペロブスカイトを使った太陽電池の性能をもう一段上げる小島の挑戦が始まった。

目標の達成

「これは使える」─。東大大学院の博士課程に進んだ小島は、桐蔭横浜大の宮坂研で目当ての溶媒をようやく見つけた。小島は太陽電池に使うペロブスカイト膜を作るために、2つの化合物を研究していた。黒色をした「ヨウ化鉛メチルアンモニウム（$CH_3NH_3PbI_3$）」と、黄色の「臭化鉛メチルアンモニウム（$CH_3NH_3PbBr_3$）」だ。黄色の化合物は、溶かせる溶媒が論文で紹介されていたが、小島の本命は黒色の化合物だった。吸収する光の波長の範囲が広い、といった物性がすでに報告されており、変換効率が向上するだろうと考えられた。

ただ、いろいろな溶媒を試しても、溶けてくれずに使えない。その中で見つけた1本が「γ-ブチロラクトン」だった。宮坂研では光発電と蓄電の機能を一体化させた素子を研究しており、そのために揃えていた溶媒だった。

化合物を溶かす溶媒が見つけられたら、今度はできたペロブスカイト膜を溶かさない電解液の探索だ。小島にとって博士課程の3年間は、そうして最適な溶媒や電解液の組成を探索し、実験を積み重ねて変換効率と安定性を高める時間だった。

その期間においては、自分の研究に自信が持てない時期もあった。例えば電解質の固体化。ペロブスカイトは、電解液に溶けてしまう安定性のなさが大きな課題だった。それを解決するために電解質の固体化は不可欠だと小島は認識していた。だから挑戦するのだが、上手くいかなかった。2008年にハワイで開かれた電気化学に関わる国際会議「PRiME2008」で、固体化した実験結果は発表した。それは

Episode 4　誕生

　世界初の固体型ペロブスカイト太陽電池ではあったものの、変換効率は1％に満たなかった。
「電解質の固体化の研究は学会の発表止まりで、論文にしませんでした。電解液を使ったものの変換効率を超えていたら、論文にしていたでしょう。今思えば、博士課程を無事に終えられるだろうかというプレッシャーがあり、自分に自信を持てない時期でした」
　それでも論文をまとめる頃には、電解液を使ったセルの変換効率は3.8％まで上がっていた。

　後に電解質の固体化に成功し、変換効率が10％を超えて研究が活発になるペロブスカイト太陽電池の歴史を今振り返ると、3.8％という変換効率は「まだまだ低かった」と評価される。2009年当時の色素増感太陽電池の最高効率（約11％）と比べても、確かに見劣りはする。
　ただ、小島の認識は違った。小島は色素の代わりに別の材料を用いた太陽電池の分野において、どの水準まで変換効率を高められるかをテーマに据え、関連の論文を読み漁っていた。当時、光を吸収する材料として高分子や量子ドットなど色素以外を最適と考えて研究するジャンルがすでに確立しており、硫化鉛などを使ったものが3％程度で最高効率だったという。それが、小島の目標だった。だから、色素以外の材料を使って実現した3.8％という変換効率には達成感があった。
「シリコン太陽電池の変換効率も、いきなり25％が出たわけではありません。原理が考案された当初は6％程度でした。色素増感太陽電池も7.1％です。その中で最初に出した約4％は、決して悪い数字ではないと考えていました」
　手島がその研究成果について振り返る。
「研究を始めた頃に比べれば、よくここまで上がったという印象でした。しっかりしたデータも取れていましたし、これでいい論文が書けるな、と思いました」
　宮坂の評価も同様だった。
「これまで誰も使っていない材料ですから、3〜4％という変換効率はよい水準まできたと感じていました」

ここで、小島がペロブスカイトと格闘していた日々のエピソードを1つ紹介したい。ペロブスカイト膜は電解液に溶け出してしまうという課題があった、と書いた。研究当初はわずか10秒程度で劣化してしまうほどで、変換効率を測定するのも一苦労だった。その頃にペクセル社の研究員として小島と同じ桐蔭横浜大の研究室を拠点に活動していた瓦家正英は、すぐに駄目になってしまう太陽電池を研究する学生の小島を心配して「博士論文を書くのは難しいだろうから、研究テーマを変えたらどうか」とよく声をかけていたという。ただ、小島は決して止めなかった。瓦家がしみじみと振り返る。
「ペロブスカイト太陽電池が10年後15年後の今のように、注目を集める技術に進展するとは思わないですから。少し大げさに言えば、世界で小島くんだけはペロブスカイト太陽電池の可能性を信じていたのかもしれませんね」

論文を書く意味

　「より多くの研究者に取り組んでもらうためには、どうすればよいだろう」—。小島は論文の構成を練っていた。ペロブスカイトと太陽電池という2つの技術領域を初めて融合させた成果を、正確に残す。宮坂と手島にそれぞれ指導を受けた小島にとって、論文を書く意味はそこにあった。そして、博士課程への進学を決断させるほど高いポテンシャルを感じたペロブスカイトを使った太陽電池について知ってもらい、ほかの研究者が追試できるようなしっかりしたデータを揃えて提示することを、強く意識していた。
「言い方はおかしいかもしれませんが、ほかの研究者に引き継ぐような気持ちでした」
　かくして2009年、『Organometal Halide Perovskites as Visible-Light Sensitizers for Photovoltaic Cells（太陽電池用の可視光増感剤としての有機金属ハロゲン化物ペロブスカイト）』と題してペロブスカイトを使った太陽電池の作製に成功したことを伝える論文は完成した。この論文はアメリカ化学会が発行する権威ある学術誌『米国化学会誌』に掲載された。

「博士課程に進学した意味である、責任を持って正しいデータを報告するという目標を達成できました」

　さらなる喜びは約2年後にやってくる。
　論文を発表した後、海外の研究機関や国内の大学などから作り方の問い合わせは複数来ていた。その中に、韓国成均館大学教授のナムギュ・パクがいた。パクは2011年に小島の論文を初めて追試し、電解液の最適化などを進めて変換効率6.5％を実現した。
　「こんな電解液の組成があったのか。まだまだ詰めるべきところがあったな」。博士課程を終えた後、ペクセル社に入社していた小島は、パクが発表した論文を読んでそう感じた。ただそれ以上に、自身の論文に込めた「ほかの研究者に引き継ぐ」という思いが叶った嬉しさで、心は満たされていた。

　ところで、ペロブスカイト太陽電池誕生の物語にはまだ少し続きがある。時計の針を少し戻す。
　2009年の終わり頃、桐蔭横浜大である会合が開かれていた。主催は、同大専任講師の村上拓郎と英オックスフォード大学講師のヘンリー・ジェイムス・スネイスだ。2人は科学技術振興機構（JST）と英国工学・物理科学研究会議（EPSRC）の共同支援を受けて研究交流をしており、その一環で実施したワークショップの後に懇親会を開いた。宮坂や小島をはじめとする宮坂研究室やペクセル社のメンバーも招かれ、宮坂はそこで『米国化学会誌』に掲載されたばかりの小島の論文を紹介した。

「*あの研究は君が手がけたのかい。おめでとう*」

　小島はスネイスに声をかけられたことを覚えている。この懇親会を起点に、ペロブスカイト太陽電池の物語は次の展開に動き出す。

Episode 5

変換効率10％超

EPFLの出会い

　桐蔭横浜大博士課程の村上拓郎は、その機会を生かそうと考えていた。2003年、場所は関西を走るタクシーの車内だ。同乗者には指導教官の宮坂力ともう1人、光化学に関する国際会議の招待講演者として来日したスイス連邦工科大学ローザンヌ校（EPFL）教授のマイケル・グレッツェルがいた。「博士号を取得したら海外で、色素増感太陽電池の権威であるグレッツェル先生のもとで研究したい」—。そう考えていた村上にとって、与えられた来日中の「鞄持ち」という役回りはグレッツェルと親密になり、博士号取得後の所属先の足がかりを掴む好機と捉えられた。
「彼があなたの研究室に行きたいと言っているのだけど、どうだろう」
　口を開いたのは宮坂だ。宮坂は村上の意向を事前に聞いており、優秀な学生だった村上に箔を付けさせたいという親心もあった。そこで学会などを通して既知の仲だったグレッツェルに、切り出した。
「そうだな。ちょうど、ポストがあると思うよ」
　間もなくグレッツェルは答えた。
「決まった…のか？」—。あまりにあっけなく、契約書もないやりとりに村上の脳裏には疑問も浮かんだが、こうして2年後の所属先は決まった。

　村上は小学生の頃、石油を代替する新エネルギーの開発を目指す国家プロジェクト「サンシャイン計画」に関するテレビ番組を観て、太陽エネルギーや人工光合成に関心を抱いた。その頃には漠然と研究者になる将来をイメージしていたという。その後、桐蔭横浜大に進学し、医用材料を専門とする川島徳道に師事して博士課程に進む頃、小学生の時に関心を抱いたテーマを追究できる機会に巡り会う。富士写真フイルムを辞めた宮坂が教授に着任し、色素増感太陽電池の研究を始めたのだ。
　そこで村上は宮坂のもとで研究をしたいと考え、川島に相談する。すると川島は、

川島研と宮坂研の両方で研究する「二足のわらじ」を勧めてくれた。そして午前は川島研で活性酸素に関わる研究に、午後は宮坂が「光キャパシタ」と名づけた、色素増感を用いた光蓄電型太陽電池の研究に、それぞれ取り組む日々が始まった。
「2つの研究室の掛け持ちは決して大変ではありませんでした。研究が面白かったですからね」
「二足のわらじ」を履いていた頃、村上は川島にもう1つ、重要な相談をする。
「ドクター（博士号）を取ったら海外に行きたいのですが、どこがいいでしょうか」
「それはもう、EPFLに決まっているだろう。最高にいいところだぞ、避暑地で。色素増感太陽電池の権威もいるだろ」
川島の明快な回答に、村上は「確かに」とうなずいた。そしてEPFLのグレッツェル研に行きたい意向を宮坂に伝えると、実際に働きかけてくれたのだった。

村上は「鞄持ち」の日から約1年後の2004年、グレッツェル研を初めて訪ねた。米国とスペインでそれぞれ開かれた国際会議に、宮坂と出席した帰りに1人で立ち寄った。解消したい不安が2つあった。
「研究室の雰囲気を前もって知りたかったですね。研究者同士がギスギスしているところだったら嫌じゃないですか。それと、タクシーの中のやりとりで本当に所属が決まったと理解していてよいのかを、改めて確認したくて」
後者の不安は杞憂に終わった。グレッツェルに念押しすると「大丈夫だと言っているだろう」と笑われた。一方、前者の不安は好印象に変わった。多様な国籍の若い研究者50〜60人が席を並べており、互いに切磋琢磨しているように感じられた。
その若い研究者たちの中に1人、日本人がいた。2006年の電気化学会第73回大会の会場で小島陽広に声をかける前の伊藤省吾である。
村上のグレッツェル研への所属が契約書のない"口約束"で決まったように、伊藤がグレッツェル研に所属した経緯もまた面白い。そこで、ペロブスカイト太陽電池の物語において重要な舞台となる、グレッツェル研の雰囲気を含めてそれを紹介したい。伊藤はグレッツェル研に所属した経緯を語る時、むしろ"分厚い契約書"を思い出す。

「なんだこれ」―。2002年12月頃、伊藤の自宅に封書が突然届いた。中にはフランス語で書かれた3cmほどの厚みを持つ冊子が入っていた。2カ月前に茨城県つくば市で会ったインド人研究者、ラビ・チャンピから届いた封書で、その冊子の文字を読み進めると、どうやらそれは雇用契約書のようだった。

伊藤は当時、地球環境産業技術研究機構（RITE）で光触媒をテーマに研究しており、つくば市ではそれに関するシンポジウムに出席していた。その会場で、EPFLのグレッツェル研に所属するラビ・チャンピが発表した「光触媒による水の浄化」の研究が目にとまり、本人に声をかけた。
「面白い研究をしていますね。…ところで、もしタイミングが合ったらポスドクで雇ってもらえないでしょうか」

半分冗談で口にした採用要請だったが、幸いなことに前向きに考えてくれていたのだ。

そうして伊藤はRITEを退職し、2003年2月に博士研究員（ポスドク）としてグレッツェル研に着任する。実はグレッツェル研を訪ねるのは2度目だった。1度目は大阪大学教授の柳田祥三のもとで色素増感太陽電池を研究していた2年ほど前だ。グレッツェルは当時、色素増感太陽電池で変換効率10％を超える成果を発表しており、それを再現したくて1週間滞在してレクチャーを受けた。再訪問した伊藤を、グレッツェルは覚えていた。伊藤が振り返る。
「どうやら私が来ることを知らなかったらしく、久しぶりに顔を合わせた時は『なぜここにいるのか。しかも光触媒の研究で』と非常に驚いていました」

その後、光触媒の研究プロジェクトは1年で終わるが、伊藤は色素増感太陽電池の研究者として残りたい、とグレッツェルに相談し、半年の雇用契約を得る。それから約2年半、そこで研究を続けた。
「研究室で"生き残るため"にとにかくよく実験しました。その結果として、非常に性能がよい酸化チタン電極を作製できました。また、研究開始当初にグレッツェル先生にいくつか課題を提示されたのですが、それらはパラメータを少し動かす程度のつまらないものだったので、自ら課題を設定して取り組み、より意味のある

データを提示しました」

　村上はグレッツェルの印象を「アジア人に厳しい中で、日本人に対してはそうではない。おそらくいろいろと指示しなくても自ら動くからでしょう」と語っている。そうグレッツェルに印象づけたのは伊藤かもしれない。

　さて、2005年4月にグレッツェル研に着任した村上はカーボンを使った電極の作製をテーマに研究を始め、伊藤の助けも借りながら半年ほどで現地の生活に慣れていく。グレッツェル研の同僚5〜6人とランチをともにしたり、お酒を交わしたりすることも日常になっていった。

　その同僚の中に、背の高いベジタリアンの研究者がいた。英国ケンブリッジ大学からポスドクとして留学していたヘンリー・ジェイムス・スネイスだ。スネイスは色素増感太陽電池の電解質を液体から固体に変える研究をしていた。村上とスネイスはほぼ同じ時期にグレッツェル研に所属し、時にお酒を交わしながらそれぞれ2年間のポスドク生活を終えて母国に戻る。

　村上にとってその頃のスネイスは「同僚のワンオブゼムだった」。しかし、やがて特別な存在に変わる。

驚きの成果

　「英国と日本の研究交流が支援されるらしい。一緒に申請しないか」—。村上のもとにスネイスから連絡が届いたのは、2008年のことだった。EPFLのグレッツェル研究室に同じポスドクとして所属していた日から1年ほどが経っていた。スネイスは科学技術振興機構（JST）と英国工学・物理科学研究会議（EPSRC）が共同支援する研究交流事業の公募を見つけ、村上に問い合わせたのだった。

　グレッツェル研で「ワンオブゼムの同僚」だった研究者の提案に、村上は乗る。自身の研究室を立ち上げたばかりで、研究費を欲していたからだ。それは、英国オックスフォード大学の講師になったばかりのスネイスが、村上を誘った理由でもあった。ただ、2人はこの研究交流により、研究費だけではない価値を偶然得る。

ペロブスカイトとの接点だ。

　その接点は、色素増感太陽電池を土台に、日本が電解液を使った湿式を、英国は固体の正孔輸送材を用いる乾式（固体型）を研究し、日英が成果を共有する枠組みで研究交流を始めた2009年に生まれた。舞台は前出の通り、研究交流の一環として桐蔭横浜大で実施したワークショップ後の懇親会だ。

　その場でペロブスカイトを用いた太陽電池に関する小島陽広の論文が紹介され、それについてスネイスと言葉を交わした小島の記憶はすでに紹介したが、この時、村上は「軽いノリ」ながらも、スネイスともう一歩踏み込んだ会話をしていた。「懇親会の雑談の流れで、ペロブスカイトを使った太陽電池を固体で作ってみようかという話になりました。研究交流のテーマからは横道にそれるのですが、色素ではない新しい材料で発電したのはすごいことですから。とはいえ、安定性に欠け、性能は低いだろうと思いましたが」

　そして研究交流のメンバーで、スネイスが指導していたオックスフォード大大学院生のマイク・リーが翌2010年に来日し、約2カ月間、桐蔭横浜大に滞在して、ペロブスカイトを用いた太陽電池の作製方法を学ぶ。

　ここで2つ補足したい。1つは、村上が「固体化しても性能は低いだろう」と考えていた理由だ。色素増感太陽電池は構造上、乾式が湿式の変換効率を上回るのは難しいとされていた。実際に当時の最高効率は湿式の約11％に対し、乾式は6％程度だった。なぜか。湿式の場合、色素が吸着した酸化チタンの層（光電変換層）は10 μ～15 μm（マイクロは100万分の1）なのだが、乾式は2 μm程度まで薄くする必要があった。光電変換層が厚いと、電解液の代わりに用いる正孔輸送材がその抵抗によって正孔を電極まで運べないため、運べる距離まで短くしなければならないからだ。一方、光電変換層が薄いほど光を吸収できる量が減るため、変換効率は湿式を下回る。

　もう1つは、リーが来日した際の研究体制だ。村上や小島の証言をもとに整理するとこうだ。リーは宮坂研の測定装置を使いつつ、村上研究室で研究した。博士号を取得した小島が就職し、在籍していたペクセル社も同じ建物内に本社を構えてい

たが、小島がペロブスカイト太陽電池の作り方を本格的に教示することはなかった。ペクセル社自体はオックスフォード大と共同研究の契約などを結んでいないため、自社が持つ知見の開示は難しい、という判断があったようだ。

　リーと村上はこうした状況で、ペロブスカイトを用いた太陽電池の作製法を小島の論文を読み込み習得していく。桐蔭横浜大には乾式の太陽電池を作製するために必要な蒸着装置がなかったため、リーは装置があるオックスフォード大に戻って研究を続けた。それから研究の進展について村上に連絡がないまま、半年ほどが経過した。

　驚きの知らせは2011年秋、突然もたらされる。産業技術総合研究所に所属を変えていた村上はその日、講演会のスピーカーとして日本に招いたスネイスと都内の駅のホームに立っていた。会場の東京大学駒場キャンパスに向かう道中だった。そこでスネイスが研究成果について口を開いた。

「変換効率が10％を超えたんだ」
「…マジかよ」

　乾式でしかも「軽いノリ」で取り組んだはずのペロブスカイトで10.9％もの高い変換効率が出たと知り、村上の驚きは大きかった。
　ではなぜ、固体化に成功し、10％を超える変換効率を実現できたか。村上によるとポイントは2つある。
　1つはペロブスカイトが持つ、光を吸収する能力（光吸収効率、吸光係数）の高さだ。乾式の場合、光電変換層を2μm程度まで薄くする必要があるが、ペロブスカイトはそれほど薄くても、十分な量の光を吸収できる力があった。
　もう1つは光が入射する側の電極（透明電極）の表面に酸化チタンの緻密な層を設けたことだ。この層は固体型の色素増感太陽電池の高効率化でも必要だった。固体である正孔輸送材と、固体である電極が接触するとショートしてしまう特性があり、太陽電池の性能は落ちてしまうからだ。それを防ぐためにペロブスカイト太陽

電池を固体化する際も酸化チタンの層を設置した。その層の設置に必要なノウハウをグレッツェル研が持っており、スネイスはそれをポスドク時代に得ていた。

　この成果をまとめた論文は、2012年10月に米国科学誌『Science（サイエンス）』に掲載された。実は同じ年の8月に、小島の論文を初めて追試した韓国成均館大学教授のナムギュ・パクやグレッツェルらの研究グループが、固体化に成功したペロブスカイト太陽電池で変換効率9.7％を報告していた。投稿はサイエンス誌に掲載された論文が先だったが、審査に時間がかかり、パクらの論文が先に出版された。ともあれ、太陽電池にとって変換効率10％は実用化の可能性が見込める最低ラインとされる。ほぼ同じ時期に10％前後の変換効率が突如2つのグループから報告されたことで、その研究に火がつかないはずがなかった。

　「君は昔、ペロブスカイトを研究していたんだろう。太陽電池で使えるらしいぞ」—。CRESTなどを通してペロブスカイトの光物性を研究し、その後、東大大学院の教授になっていた近藤高志のもとに、太陽電池に関わる国内の研究者らからそうした連絡が相次いだのは、2012年の終わり頃だった。CRESTを2002年に終えた後、ペロブスカイトの研究からは離れていた近藤に、彼らは続けた。
「君も研究しなさい。研究費をつけてあげるから」
　近藤はその"外圧"に驚きつつ「まあ研究してみようか」と思った。こうして太陽電池の材料として使われていた、3次元のペロブスカイトについての研究を今も続けている。そんな近藤は、ペロブスカイトが太陽電池の研究現場に与えたインパクトを目の当たりにしてきた。
「ペロブスカイトは太陽電池研究の世界を一変させました。その登場により、有機の太陽電池もシリコンの太陽電池も、研究者に力が入りました。ペロブスカイトというよく分からない材料で高い変換効率が出るのだから、そのほかの太陽電池もまだまだ伸びる余地があると思えたのでしょう。その結果、それぞれ性能が上がっていきました。新しい材料が研究の現場をそれほどまでに変えてしまう様は初めて見た気がします」

変換効率10％超という成果は、ペロブスカイト太陽電池そのものの研究だけでなく、太陽電池の研究全体に「火」をつけた。
　さて、その火元となった宮坂研やペクセル社は、「着火」をどう見たか。成果は歓迎しつつも、少なからず複雑な思いが生まれていた。

それぞれの2012年

　「変換効率が上がり、10％を超えたのでサイエンス誌に共著で論文を投稿したいのですが」——。2012年夏の米カリフォルニア工科大学。光エネルギーに関する国際学会「IPS」に出席し、研究者の発表に耳を傾けていた宮坂のもとにメールが届いた。スネイスからの突然の連絡だった。宮坂はこれに驚き、やがて抱いた感情は「愉快ではない」だった。研究の進展についてそれまで一切、知らされていなかったからだ。また、当初は宮坂の名前を入れずに論文を投稿したところ、審査員の意見を受けて、共著にするよう改めた、とも聞いたという。

　宮坂が知ったところによると、背景はこうだ。マイク・リーが戻ったオックスフォード大のスネイス研では、宮坂研の測定装置を利用した研究の延長線として酸化チタンの多孔質膜をベースにした固体式ペロブスカイト太陽電池と、酸化チタンの代わりにアルミナの多孔質膜を用いた固体式ペロブスカイト太陽電池の2つを作製した。その結果、前者の変換効率は7.8％にとどまり、後者の変換効率は10.9％に上った。後者の成果だけを抜き出すと宮坂研の関わりはないと考え、当初は宮坂との共著にしなかったと見られる。ただ、審査員からアルミナを用いた結果の比較対象として酸化チタンを用いた成果も論文に含めるべきと指摘があり、宮坂を共著者に含めるよう改めたようだ。
　一方、スネイスらが変換効率10％を超える成果を出したことをどう振り返るかについて、宮坂に問うと「後悔」の思いも語る。小島がペロブスカイト太陽電池の固体化に挑戦し、2008年に学会で発表したものの、あまり芳しい成果は得られておらず論文にしなかったことは書いた。この頃、宮坂研におけるメインの研究テー

マは、すでに変換効率10％を超えていた色素増感太陽電池だったため、小島の研究に宮坂が積極的に介入することはなかったという。
「人と人の絆作りはよくしてきましたが、指導者としては勉強不足がありました。私がもう少し技術の中身を調べて変換効率の向上につながる解決策を考えて小島くんを指導していれば、という思いがあります。残念ながら当時は色素増感太陽電池の研究で精一杯でした」

　「ペロブスカイトを太陽電池に用いる知見が世界の研究者の手に渡り、彼らのアイデアと組み合わされば、性能はもっと上がるはず」—。小島は、東大博士課程に進学したときからそうした思いを抱き続けていた。だから、スネイスらによる2012年の報告は当然の帰結と思えたし、研究の進展が素直に嬉しく、悔しさは生まれなかった。2009年に、しっかりとした論文をまとめられていたからだ。
「（ペロブスカイトを用いた太陽電池について）世界で初めて論文にするプレッシャーを自分の中で乗り越えられ、やりきった思いでした。すがすがしい気持ちで研究に一区切りをつけていました」
　しかし後に、小島の脳裏にうっすらと「反省」の文字が浮かぶ時がくる。

　「最初の発見の経緯を含めて、ペロブスカイト太陽電池について講演してもらえませんか」—。そうした依頼が小島に届いたのは2013年のことだ。依頼主は、後に京都大学発スタートアップのエネコートテクノロジーズを起業し、ペロブスカイト太陽電池の事業化を目指す京大化学研究所准教授の若宮淳志。若宮はJSTが若手研究者の研究を支援するさきがけ「太陽光と光電変換機能」領域の一員として、2009年度から色素増感太陽電池を研究していた。さきがけの期間中にスネイスらの論文が発表され、研究総括だった九州工業大学教授の早瀬修二の声かけで、ペロブスカイト太陽電池に着目した。自ら代表世話人として研究会を立ち上げ、そこでの講演を小島に依頼したのだった。
　若宮の依頼を受け、小島は改めて周辺技術を調査し、スネイスらの論文をつぶさに読み返した。そこで1つのワードに目を奪われた。

『ETA（Extremely Thin Absorber）：極薄吸収体』——。ETAは色素増感太陽電池と同じように、酸化チタンの多孔質膜を用いて、その表面を極薄の化合物半導体層で覆う構造だ。高い光吸収能力を持つ材料で酸化チタンの表面を覆うことができれば、酸化チタンの多孔質膜を薄膜化でき、電解液の代わりに用いる正孔輸送材を酸化チタンの多孔質膜中に充填しやすくなる。その結果、電子や正孔が取り出しやすくなり、高い変換効率の太陽電池の作製が期待できるという考え方だ。

スネイスらの論文では、このETA構造のアプローチに従ってペロブスカイトを用いたと言及していた。そして、ペロブスカイトは光を吸収する能力の高さや、自己組織化の力により酸化チタン表面に均一で極薄な光吸収層の形成が期待できることなどから、ETA構造に用いる材料として結果的に非常に適していた。

小島は2009年の論文に向けて研究していた当時、光を吸収する量を増やして変換効率を高めるために酸化チタンの多孔質膜とペロブスカイトで構成する層をなるべく「厚く」しようと試みており、ETA構造は知らず「薄く」する発想はなかった。「ETAは日本ではあまり研究されていなかった一方、海外では研究が進んでおり、ETAに適した材料を探す動きがあったようです。先行技術について私の調査不足だったと反省しました。（ただ、同時に）2009年の論文をほかの研究者に読んでもらい、彼らの技術と融合してペロブスカイトを用いた太陽電池の研究が進展して嬉しかったです」

「糸口を掴んでいるようだ。帰国したら成果を出すのではないだろうか」——。ペクセル社の池上和志は桐蔭横浜大に2カ月間滞在し、ペロブスカイト太陽電池の作り方を習得して帰国した、オックスフォード大のマイク・リーの後ろ姿にそう感じていた。具体的にはペロブスカイトは当時、成膜が不安定だったのだが、リーがペロブスカイトの組成において、従来用いていた「ヨウ化鉛（PbI_2）」の代わりに「塩化鉛（$PbCl_2$）」を用いた結果、とても安定したと聞いたのだ。

もう1つ、韓国成均館大学教授のナムギュ・パクの動向も気になっていた。パクは小島の論文を唯一追試しており、また、池上自身も研究室を訪ねたことがあり、ペロブスカイト太陽電池の研究を続けているのは間違いなかった。

「今後、高い性能を持つペロブスカイト太陽電池の報告が出てくるのではないか」
—。池上はそう思い、宮坂研やペクセル社、あるいは小島がペロブスカイトを研究していた証拠をより多く残したいと考えた。そして小島に急ぎ1つの論文を書くよう働きかける。ペロブスカイトの発光特性に関わるもので、小島が学生時代に行った実験結果などを生かしてまとめてもらった。池上が明かす。
「実はこの論文はやや中途半端です。本来は発光寿命を計測するべきなのですが、あえて行っていません。宮坂研に装置がなく、測定する場合にはほかの研究室の協力が必要だったからです。仮に協力を得ると共著になり、協力先の研究室が大きいと成果が飲み込まれる懸念があります。宮坂研やペクセル、小島くんの存在を明確に残すために、共著にしたくありませんでした」

2012年は「ペロブスカイト太陽電池」の研究に火がついた「元年」と言える。『Highly Luminescent Lead Bromide Perovskite Nanoparticles Synthesized with Porous Alumina Media（多孔質アルミナ媒体を用いて合成した高発光臭化鉛ペロブスカイトナノ粒子）』と題し、小島・池上・宮坂・手島が著者に名を連ねた論文は、その年の始まりの日である1月1日、日本化学会の論文誌『Chemistry Letters』によって受け付けられた。

イノベーションへの道

ペロブスカイト太陽電池は研究に火がつくと、瞬く間に世界に広がった。今やそれに関わる研究者は4万人ほどと言われる。彼らが先人の知見を礎に研究し、互いに成果を競い合うことでペロブスカイト太陽電池の研究は加速していく。そしてその先には、脱炭素化のカギを握る技術としての実用化や普及という期待がある。
かつてペロブスカイト太陽電池の誕生を密かにアシストし、今は積水化学工業や東芝などと連携してペロブスカイト太陽電池の研究開発を推進する東大教授の瀬川浩司に、実用化への課題を聞いていた時、彼は言った。
「小さなことの積み重ねでしかイノベーションは起きない」

Episode 5　変換効率10%超

　宮坂や手島のもとで小島が2009年にまとめた論文。そこに至る研究者たちの交流と、それぞれの好奇心や汗、そして2012年前後に始まった成果をめぐる競争とそれに伴う後悔や反省。これらは小さなことの積み重ねとして数えられる。それが結実する日は、着実に近づいている。

注釈

※1　励起子：半導体や絶縁体中で外部の光などによって励起された電子と正孔がクーロン力によって強く結びついた束縛状態。この束縛状態の電子と正孔を互いに引き離すのに必要なエネルギーを束縛エネルギーと呼ぶ。

※2　量子井戸：ある種の半導体を別の半導体でサンドイッチのように挟むことで、電子を2次元平面内に閉じ込めた構造。閉じ込められた層を「井戸層」、挟む層を「バリア層」という。有機・無機複合ペロブスカイトでは、無機物が「井戸層」、有機物が「バリア層」にあたる。全体が平面構造で井戸層の電子は垂直方向に自由に移動できないため、光を照射すると、電子と正孔が強く結びつきやすく、束縛エネルギーの大きな励起子が表れる。量子井戸構造は青色LEDや半導体レーザーなどに利用される。

※3　インターカレーション：インターカレーション反応の前後では結晶の基本構造を保持したまま、格子定数（結晶格子の単位格子の大きさを表す定数）などの構造や、電気伝導性などの物性、電池特性などの機能性を制御できる。

※4　誘電率閉じ込め効果：量子井戸において井戸層を挟むバリア層の誘電率（クーロン力を遮蔽する大きさの指標）が小さいと井戸層における電子と正孔の間のクーロン力がバリア層を介して有効に働くため、井戸層における励起子の束縛エネルギーが大きくなる効果。ペロブスカイトはバリア層にあたる有機物の誘電率が無機物（ヨウ化鉛の井戸層）よりとても小さいため、この効果が強く働く。

※5　高温超伝導体：電気抵抗がゼロになる温度（超伝導転移温度）が高い物質。IBMチューリッヒ研究所のベドノルツとミューラーは1986年に、La-Ba-Cu-O系の酸化物が当時としては比較的高い転移温度で超伝導になると思われる現象を報告した。東大の田中昭二研がベドノルツとミューラーの発見が正しいことを同年に証明した。

※6　非線形光学材料：光波長の変換や光の増幅、光強度に応じた屈折率変化などの光学的な非線形現象を効率よく発現する材料の総称。

※7　3次の非線形光学効果：入射光の強さによって屈折率が変化する現象。光スイッチや光メモリーへの応用が期待され、1990年代に研究が活発になったが、実用化には至っていない。

取材にご協力いただいた方々（敬称略）

宮坂力・池上和志・手島健次郎・小島陽広・村上拓郎・藤嶋昭・中田宏・石原照也・近藤高志・江馬一弘・臼井勲・竹岡裕子・小林範久・伊藤省吾・瀬川浩司・若宮淳志・早瀬修二・瓦家正英

主な参考・引用文献

『大発見の舞台裏で！―ペロブスカイト太陽電池誕生秘話』（宮坂力、さくら舎）／『わが人生 時代を動かす「教育改革」に捧げた半生の記録』（鵜川昇、文芸社）／『大学の崩壊―対談・この危機を救う道はあるか！』（鵜川昇・野田一夫、IN通信社）／『桐蔭学園創立50周年記念誌』／冊子『NOBEL SYMPO-SIUM NS191：Efficient Light to Electric Power Conversion for a Renewable Energy Future』／『ペロブスカイト太陽電池の発見の背景と学際研究の推進（応用物理・第88巻第7号、応用物理学会）』／『横浜改革中田市長1000日の闘い』（<横浜改革>特別取材班・相川俊英、ブックマン社）／『横浜市改革エンジン フル稼働―中田市政の戦略と発想』（南学・上山信一、東洋経済新報社）／『化学と工業』（2004年12月号、日本化学会）／『電気化学会・第73回大会講演要旨集』／『光機能界面の学理と技術：光エネルギーを有効利用するサステイナブルケミストリー』（藤嶋昭・神奈川科学技術アカデミー）／『光合成研究から次世代太陽電池の開発へ。光エネルギー変換にかけた35年』（東京大学HP）／『戦略的国際科学技術協力推進事業「色素増感型太陽電池（DSC）における太陽光吸収効率と電荷移動効率の 向上」研究終了報告書』

対談 **ペロブスカイトと太陽電池をつないだ研究者**

手島健次郎 さん × 小島陽広 さん

ペロブスカイト太陽電池の研究は、ペロブスカイト構造を持つ材料と色素増感太陽電池を結びつける2人の若い研究者のアイデアと挑戦を起点に始まった。当時、桐蔭横浜大学の宮坂力特任教授が起業したペクセル・テクノロジーズの研究員だった手島健次郎さんと、学生だった小島陽広さんだ。現在は企業の研究者として働く2人に当時を振り返ってもらった。

（取材は2024年5月31日に実施）

――「ペロブスカイト太陽電池」の研究開発はお二人が関わり、ペロブスカイトと色素増感太陽電池を組み合わせて発電性能を確認し、それらの研究成果を報告した2009年の論文が出発点です。なぜ、そのような成果が出せたと思いますか。

小島：大きな背景として「ペロブスカイト」と「色素増感太陽電池」の研究が当時それぞれ成熟しており、2つの研究領域を組み合わせる土台が備わっていたということがあると思います。そうした時期だったからこそ、私たちは論文や学会発表などの情報を吸収しながら研究ができました。仮にその5年前、10年前だったら技術を組み合わせるのにもっと時間を要したと思います。

手島：簡単に言うと"たまたま"ですよね。ペロブスカイトと色素増感太陽電池がたまたま巡り会って、偶然の産物として生まれたと。私は学生時代の研究を通して色素増感太陽電池に興味を持ち、（その後、文部科学省

の研究支援事業で、上智大学を中心にしたグループがペロブスカイトの光物性を研究する）CRESTに参加してペロブスカイトの存在を知ったわけですが、それもたまたまでした。自ら望んだものではなく、私の指導教官と上智大の先生がたまたま知り合いで、CRESTに参加するよう薦められたわけですから。

——ペロブスカイトと色素増感太陽電池の接点としては、ペクセルに入社された手島さんの行動は大きなポイントですよね。

手島：その意味では宮坂先生の存在が大きいです。宮坂先生は当時から色素増感太陽電池の研究で知名度が高く、それに惹きつけられました。宮坂先生の人を惹きつける力がなければ、私はペクセルには行かなかったと思います。

——手島さんはCRESTに参加してペロブスカイトを知った時、ペロブスカイトを太陽電池に応用するイメージを持たれたのですか。

手島：CRESTで光物性を研究していく中で、ペロブスカイトを対象とした研究テーマの幅を広げたい思いが生まれました。その中で、元々興味があった色素増感太陽電池に上手く使えないかな、と漠然とは思っていました。

小島：なので、実際に実験を担当していたのは私ですが、ペロブスカイトと色素増感太陽電池を組み合わせるアイデアは手島さんから授けてもらったものだと思っています。

——手島さんにとっては、ペクセルに転職する前の職場である東京工芸大学で指

導していた学生で、太陽電池の研究に強い関心を持っていた小島さんを宮坂先生に紹介し、小島さんが修士・博士課程を通して研究を手がけることになります。手島さんは随時助言する立場でしたが、ご自身で手を動かそうとは思わなかったのですか。

手島：ペクセルにはペクセルの仕事がありますし、私がペロブスカイトのテーマで手を動かす環境ではなかったのかなと。ただ、せっかくアイデアが生まれましたし、宮坂先生との縁もできたわけですから、非常に優秀な学生だった小島さんに上手くつなげられたらと思いました。実際、小島さんは一生懸命に取り組んでくれてありがたかったですね。それにしてもよくやってくれたと思います。

小島：結果がなかなか伴わなくても、繰り返し挑戦できる若さがあったというか。今振り返ると、好奇心やエネルギーがある時に、いかに挑戦を続けられるかは大事だなと思います。

――研究当初はセルを作ってもペロブスカイトがすぐ電解液に溶け出してしまい、わずか10秒程度で駄目になってしまう状態だったそうですね。当時ペクセルに在籍していた別の研究者からは、博士論文が書けるテーマになるのか、小島さんを心配して「テーマを変えるべきでは」と助言したという話も聞きました。なぜ研究を続けられたのでしょうか。

小島：普通は止めた方がいいと思いますよね。ただ、私は元々マイナス思考で、自分が研究を担当しているからその程度の結果にとどまってしまっているのであって、それとペロブスカイト自体の実力は別だと思っていました。レベルの高い研究者が手がけたらよい結果が出るのだろうと。だから当時は学会発表や論文を通して、ペロブスカイトの魅力をほかの

研究者に分かりやすく伝えるという使命を勝手に感じていました。ペロブスカイトと太陽電池を組み合わせる試みが、世界で初めてと分かった時点で、取り組む価値は十分にあるとも感じました。研究に独自性があり、ゼロからイチを生み出す取り組みということは、強いモチベーションになっていました。その中で、興味を持ったことに対して（たとえ結果がなかなか出なくても）のめり込める性格は強みだったのかなと思います。

手島：ですから、小島さんの粘り強い性格をなくしてはおそらく、ペロブスカイト太陽電池は生まれてこなかったですよね。私としては、初めから面白い研究テーマという感覚を持っていました。研究開始の当初に、わずかではありましたが、起電力が見られたので。まず、それがすごいことだと。

小島：それに、研究室のトップである宮坂先生も指導を続けてくれました。そこは、宮坂先生の研究の質を見る目というか。改めて宮坂先生のご経歴を見ても、いろいろなテーマに挑戦して、よい成果を何度も出されていますよね。そうした経験があるからこそ、学生に挑戦させてくれるのだろうと私は思っています。

手島：嗅覚は鋭いですよね。あと、生み出したものを育てる上手さがあるというか。（アウトリーチ活動にも積極的に取り組む）宮坂先生の力がなければ、ペロブスカイト太陽電池は現在のように広く認知はされていなかったのではないでしょうか。

——お二人は現在、企業に所属する研究者として仕事をされています。ペロブスカイト太陽電池の誕生につながった当時の研究は、お二人の研究者人生にどのように影響しているでしょうか。

小島：「アイデア」と「アンテナを張ること」の重要性を学びました。手島さんからアイデアを授かった立場として、その大事さを強く感じています。現在も自分の中でアイデアが出てきたら、たとえ理論的には難しいだろうと思っても、一度は大切に取っておきます。その後に、別の情報を得て使えるようになるかもしれないので。

　また、ペロブスカイト太陽電池は2012年に変換効率が10%を超えて大きな注目を集め、研究開発が活発になりました。そのきっかけを作った研究者たちは、常にアンテナを張っていたのだと思います。自分たちが持つ技術を組み合わせたら、新たな成果が生み出せる学会発表や論文はないだろうかと。だからこそ私たちの取り組みもキャッチし、成果を出されたのだろうと思います。

——手島さんはいかがですか。

手島：それまでの経験が偶然、ペロブスカイト太陽電池に結びつきましたが、これから同じようなことができるかというと、なかなか想像はできません。企業とは時間の流れや仕事の進め方が違っていますから。

　一方で、基本的に経験や情報を組み合わせて新しいものを生み出すという考え方は共通していますので、その結果をどのような形であっても、アウトプットしていくことで、次の可能性につながるのかなとは思っています。

——ペロブスカイト太陽電池の実用化が近づいています。今後についてはどのように期待していますか。

手島：耐久性や鉛の問題など、実用化に向けて乗り越えるべき課題はまだある

と思います。手元で扱っていた研究者としては、その難しさを痛烈に思います。それでもなんとか製品化されて、世の中に役立つ技術になって欲しいですね。

小島：ペロブスカイト太陽電池の実用化に対する期待が一番大きいのですが、太陽電池以外の分野でも、ペロブスカイトという材料の利用が広がって欲しいです。ペロブスカイトのスペックは、太陽電池の枠には収まらないと思っています。また、ほかの分野で研究が進めば、太陽電池の研究だけでは得られなかった情報が増えて、その情報を足し合わせることで太陽電池の研究がブラッシュアップされる効果も期待できるのかな、と感じています。それにペロブスカイトの魅力について、より多くの分野の方々に知ってもらいたいですね。それぐらい興味深い材料だと思っています。

付録

ペロブスカイト太陽電池誕生までの道のり

● ペロブスカイトの研究　　● 桐蔭横浜大学とペクセル・テクノロジーズの動き

1839 ●	ペロブスカイトがウラル山脈で発見される
1978 ●	ハロゲンを含む有機・無機複合ペロブスカイトが初めて合成される
1989~1990 ●	東北大学の石原照也が有機・無機複合ペロブスカイトの光物性について研究し、論文を発表する
1990 ●	東北大の石原の紹介を受け、東京大学の近藤高志がペロブスカイトの光物性について研究を始める
1996 ●	東大の近藤の紹介を受け、上智大学の江馬一弘がペロブスカイトの光物性について研究を始める
1997~2002 ●	CREST『自己組織化量子閉じ込め構造』において、ペロブスカイトの光物性を研究する。上智大の江馬や東大の近藤らのほか、手島健次郎が参加する
2001 ●	宮坂力が桐蔭横浜大学の教授に着任する
2002 ●●	宮坂研が論文『低温成膜法による色素増感フィルム電極』を発表する

2004	東京工芸大学4年の小島陽広が白井靖男の研究室に所属し、講師の手島のもとで、ペロブスカイトの光物性について研究を始める
	宮坂がペクセル・テクノロジーズを起業する
2005	手島と池上和志がペクセルに入社する
	小島が宮坂のもとで、ペロブスカイトを用いた太陽電池の研究を始める
	村上拓郎が博士課程を修了し、スイス連邦工科大学ローザンヌ校のマイケル・グレッツェルの研究室に、ポスドクとして在籍する。同じくポスドクだったヘンリー・スネイスと出会う
2006	小島がペロブスカイトを用いた太陽電池について、初の学会発表をする
2007	小島が東大の博士課程に進学する
2009	小島や宮坂らがペロブスカイト太陽電池に関わる論文を発表する スネイスや村上が小島らの論文に関心を持ち、ペロブスカイト太陽電池の研究を始める
2012	スネイスや村上らの研究により、ペロブスカイト太陽電池の変換効率が10%を超え、その成果を発表し、研究が世界に広がる

おわりに

　ペロブスカイト太陽電池について初めて取材したのは、2015年の初頭だったと記憶している。日刊工業新聞社編集局科学技術部に所属し、エネルギーに関わる研究や技術を取材する記者として桐蔭横浜大学の宮坂力先生のもとを訪ねた。太陽電池と言えば、住宅の屋根に設置する、あるいは広大な土地に大量に並ぶ、がっちりとした設備をイメージしていたので、宮坂先生に見せていただいた、ペラペラで曲げられる姿に衝撃を受けた。

　ただ、当時のペロブスカイト太陽電池は"夢の技術"だった。つまり、実用化までの道のりはまだ長いと考えられていた。小面積セルの変換効率は急上昇し、2015年までに20％を超えたが、今も課題として指摘される耐久性の低さは解決のハードルが非常に高いと目されていた。

　その後、2016年には所属が変わり、しばらく現場を取材することはなくなった。再び取材を始めたのは2022年だ。日刊工業新聞社が運営するオンラインメディア「ニュースイッチ」でコンテンツを作る立場となり、改めて関連の動向を取材した。そこで自分が目を離していた約6年間における研究開発の進展に驚いた。積水化学工業PVプロジェクトの森田健晴ヘッド（当時はR&Dセンター先進技術研究所次世代技術開発センターのセンター長）の言葉が印象に残っている。

　「ペロブスカイト太陽電池は研究ではなくなってきた。（私は）『製品開発者』になっている」—。いつかの"夢の技術"が実用化する日が近づいていると感じた。

　それからは政府の動きも激しくなった。2023年4月には「2030年を待たずに早期に社会実装を目指す」と、量産化を強力に支援する方針を示した。ペロブスカイト太陽電池の動向から目が離せなくなった。

　本書はそれから2024年6月までの取材をもとに執筆してニュースイッチで公開した複数の記事を編集し、新たな取材内容を加えてまとめた。

ペロブスカイト太陽電池の取材に熱中した理由はもう1つある。「ペロブスカイト太陽電池誕生」として執筆した、誕生に至る群像劇だ。宮坂先生からペロブスカイト太陽電池の誕生に若い研究者の力が関わっていたことを聞き、その誕生の瞬間を詳細に知りたくて取材を始めた。そこから過去に遡って取材を進めていく中で非常に多くの研究者らが関わり、彼らの偶然や必然の交流によってペロブスカイトがバトンのようにつながり、やがて太陽電池との接点が生まれたことを知った。世の中を変え得る新技術の誕生の背景に、人と人の何気ない交流があったこと、また、その川上に基礎研究の貢献があったことを魅力的に感じた。

　本書はペロブスカイト太陽電池の産業化に着目しているが、「ペロブスカイト太陽電池誕生」もお読みいただくことで、将来の巨大市場が一見遠い基礎研究の現場とも地続きにあることを感じてもらえるだろう。

　桐蔭横浜大の宮坂先生にはこの2年半で、何度も取材に応じていただいた。本書の技術に関わる記載についての監修もいただいた。同じく桐蔭横浜大の池上和志先生も何度も相談に乗っていただき、数多くの助言をいただいた。そのほか、多くの企業や大学、研究機関などの方々に取材にご対応いただいた。ご協力いただいたすべての方々にこの場を借りてお礼を申し上げたい。最後に、校正作業を全面的に手伝ってくれた妻の香子に感謝。

　政府の政策検討、企業による事業化への取り組み、海外の動き―。ペロブスカイト太陽電池をめぐる動きは急速に進展している。本稿をまとめた7月末から発刊までの1カ月間でもまた、新たな動きがあるかもしれない。その動きがペロブスカイト太陽電池の実用化を後押しし、その市場における日本企業の活躍につながることを期待して、執筆を終えたい。

2024年7月　葭本 隆太

著　者
葭本　隆太（よしもと・りゅうた）
1984年生まれ、千葉県出身。2014年、日刊工業新聞社入社。科学技術や通信・IT業界の取材記者を経て、2018年からニュースイッチ編集長。

技術監修
宮坂　力（みやさか・つとむ）
1981年、東京大学大学院工学系研究科合成化学専攻博士課程修了（工学博士）。現在は桐蔭横浜大学医用工学部特任教授。専門は光電気化学、ペロブスカイト光電変換の科学。

本文デザイン
濱中　望実（はまなか・のぞみ）
2019年、日刊工業新聞社入社。主にウェブサービスの運用や関連事業のデザイン開発などを担当。

素材技術で産業化に挑む
ペロブスカイト太陽電池

NDC 549.51

2024年9月3日　初版1刷発行
2024年12月20日　初版4刷発行

定価はカバーに表示されております。

　　Ⓒ著　者　　葭　本　隆　太
　　　技術監修　宮　坂　　　力
　　　発行者　　井　水　治　博
　　　発行所　　日刊工業新聞社
　　　　　　　　〒103-8548 東京都中央区日本橋小網町14-1
　　　　　　　　電話　　書籍編集部　03-5644-7490
　　　　　　　　　　　　販売・管理部 03-5644-7403
　　　　　　　　　　　　FAX　　　　 03-5644-7400
　　　　　　　　URL　　https://pub.nikkan.co.jp/
　　　　　　　　e-mail　info_shuppan@nikkan.tech
　　　　　　　　印刷・製本　新日本印刷株式会社

落丁・乱丁本はお取り替えいたします。　　　　　　　2024 Printed in Japan
ISBN 978-4-526-08348-8
本書の無断複写は、著作権法上の例外を除き、禁じられています。